"十二五"职业教育国家规划教材
经全国职业教育教材审定委员会审定

电梯电气系统安装与调试
工作页

机械工业出版社

目　录

岗位初识

姓名＿＿＿＿＿ 学号＿＿＿＿＿ 班级＿＿＿＿＿
日期＿＿＿＿＿ 工友＿＿＿＿＿

任务一　　初识电梯

一、请标出图 0-1、图 0-2 和图 0-3 中的部件名称。

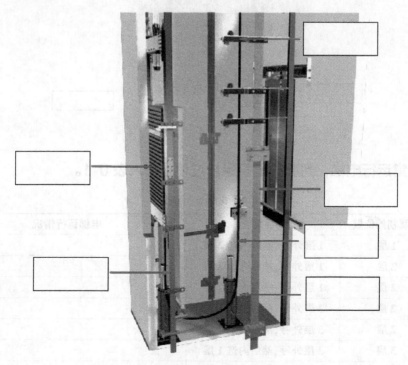

图 0-1

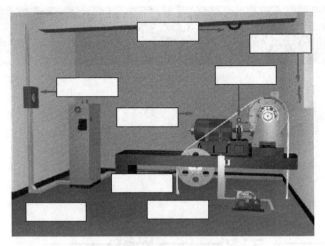

图 0-2

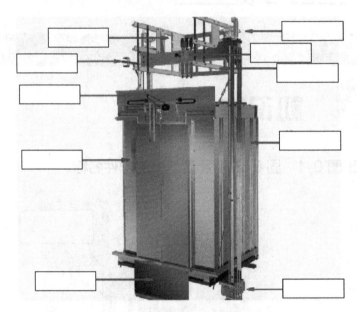

图 0-3

二、正常运行电梯，判断并记录运行过程，填入表 0-1。

表 0-1　电梯运行记录

序号	轿厢初始位置	呼梯情况	电梯运行情况
1	1 层	1 层外呼,然后内选 2 层	
2	2 层	1 层外呼,然后内选 3 层	
3	2 层	1 层外呼,然后内选 2 层	
4	2 层	3 层外呼,然后内选 1 层	
5	2 层	3 层外呼,然后内选 2 层	
6	3 层	3 层外呼,然后内选 1 层	
7	3 层	3 层外呼,然后内选 2 层	

序号	轿厢初始位置	呼梯情况	电梯运行情况
8	3 层	2 层外呼,然后内选 3 层	
9	3 层	2 层外呼,然后内选 1 层	
10	3 层	1 层外呼,然后内选 2 层	
11	3 层	1 层外呼,然后内选 3 层	

三、检修运行电梯,判断并且记录运行过程,填入下表 0-2。

表 0-2　电梯检修运行记录

序号	轿厢位置	检修操作	电梯运行情况
1	1 层	机房检修	
2	2 层	机房检修	
3	3 层	机房检修	
4	1 层	轿厢检修	
5	2 层	轿厢检修	
6	3 层	轿厢检修	
7	1 层	轿顶检修	
8	2 层	轿顶检修	
9	3 层	轿顶检修	

四、回答问题

1. 常用的电梯国家标准有哪些?

2. 简述电梯的分类。

3. 电梯机房有哪些设备?各起什么作用?

4. 电梯井道有哪些设备？各起什么作用？

5. 电梯轿厢有哪些结构部件？

 **剖析电梯系统**

一、判断表 0-3 中的结构分别属于哪个电梯系统。

表 0-3　电梯系统中的结构部件

结构部件	系统	结构部件	系统	结构部件	系统
名称：_____		名称：_____		名称：_____	
名称：_____		名称：_____		名称：_____	
名称：_____		名称：_____		名称：_____	

结构部件	系统	结构部件	系统	结构部件	系统
名称：_____		名称：_____		名称：_____	
名称：_____		名称：_____		名称：_____	
名称：_____		名称：_____		名称：_____	
名称：_____		名称：_____		名称：_____	
名称：_____		名称：_____		名称：_____	

二、考核评价

根据表 0-4 对本任务进行考核。

表 0-4 考核评价表

序号	评价内容	满分	评 价 标 准	评价方式	扣分	得分
1	电梯的定义	2	会描述电梯的定义,关键词齐全,得 2 分,否则酌情扣分	互评		
2	电梯的分类	3	正确描述电梯按速度分类和按功能分类,得 4 分,否则酌情扣分	互评		
3	电梯结构	5	认识电梯的主要结构	师评		
4	电梯工作原理	5	正确描述电梯的工作原理	师评		
5	电梯八大系统	5	正确说出电梯的八大系统及其组成部分	互评		
教师签字:				最终得分:		

项目一
安装机房电气系统

姓名＿＿＿＿ 学号＿＿＿＿ 班级＿＿＿＿
日期＿＿＿＿ 工友＿＿＿＿

 安装机房电源箱

一、知识储备

1. 机房电源箱的安装位置有哪些要求？

2. GB 7588 对机房电源箱主开关有什么要求？

3. 主开关不应切断哪些设备的电源？

二、工作准备

1. 使用的设备：＿＿＿＿＿＿＿＿＿＿＿＿＿＿＿＿＿＿＿＿＿＿＿＿＿
2. 使用的材料：＿＿＿＿＿＿＿＿＿＿＿＿＿＿＿＿＿＿＿＿＿＿＿＿＿

3. 使用的机具：＿＿＿＿＿＿＿＿＿＿＿＿＿＿＿＿＿＿＿＿＿＿＿＿＿＿＿＿

4. 分析电源箱电缆的连接关系，填入下表 1-1 中，并记录实际使用的线号。

表 1-1　电源箱电缆的连接关系

位置	连 接 部 位	电压等级	线号

三、任务实施

根据表 1-2 的步骤完成机房电源箱的安装。

表 1-2　机房电源箱的安装

步序	步骤名称	安 装 说 明	使用的机具、材料	是否完成
1	定位	在机房选好适当位置,尺寸符合要求		
2	打孔	在定位地方打孔		
3	固定电源箱	使用膨胀螺栓固定电源箱箱体		
4	安装箱内电器	安装电源箱内电气设备		
5	线路连接	根据电气图纸要求连接线路		
6	遇到哪些问题如何解决的			
	组长签字		教师签字	

四、质量验收

根据表 1-3 的内容对本任务的完成情况进行验收。

表 1-3　机房电源箱的安装验收表

序号	验收内容	是否合格
1	外露可导电部分均必须可靠接地(PE),接地支线应采用黄绿相间的绝缘导线	
2	接地支路应分别直接接至接地干线接线柱上,不得互相连接后再接地	
3	电源箱要安装在机房门口附近,方便接近。距机房地面高度1.3~1.5m,方便操作	
4	软线和无护套电缆应在导线管、导线槽或能确保起到等效防护作用的装置中使用	
5	轿厢照明开关,单独控制轿厢照明和通风、报警装置等电路的电气开关是否安装正确	
6	井道照明开关,单独控制电梯井道照明和底坑电源插座等电路的开关是否安装正确	
7	问题记录: 解决方法:	

五、考核评价

根据表 1-4 对本任务的完成情况进行考核。

表 1-4　考核评价表

序号	评价内容	满分	评价标准	评价方式	扣分	得分
1	安全意识	10	1)不按要求穿着工作服、戴安全帽、系安全带、穿绝缘鞋,扣5分 2)未在工作现场设立护栏或警示牌,扣2分 3)不按安全要求规范使用工具,扣2分 4)其他违反安全操作规范的行为,扣1分	互评		
2	施工	50	1)电源箱安装位置不合理,扣5分 2)电源箱内的接线不正确,错一根扣5分 3)电源箱内的导线颜色不正确,错一根扣5分 4)进出箱体的线没用专用护口保护,扣5分 5)接地线安装不正确,扣5分 6)零线安装不正确,扣5分 7)工具使用不正确,扣5分	师评		
3	理论支撑	20	1)正确说出电梯电源系统 2)识读电源电路原理图	师评		
4	职业素养	20	1)施工过程中工具、材料摆放凌乱,扣5分 2)施工结束后没有整理工作现场,扣5分 3)不爱护工具、设备和仪表,扣5分	师评		
教师签字:			最终得分:			

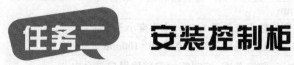

任务二　安装控制柜

一、知识储备

1. 控制柜中有哪些电气设备? 主要起到什么作用?

2. 国家标准对控制柜安装位置有哪些要求？

二、工作准备

1. 使用的设备： _____

2. 使用的材料： _____

3. 使用的机具： _____

三、任务实施

根据表 1-5 的步骤完成控制柜的安装。

表 1-5　控制柜的安装

步序	步骤名称	安装说明	使用的机具、材料	是否完成
1	控制柜的定位	在机房空间内选择正确的位置安装控制柜，所选位置应符合要求		
2	控制柜底座的安装	在地面上或在水泥台上用膨胀螺栓固定控制柜底座		
3	安装控制柜柜体	将控制柜安装在控制柜底座上		
4	遇到哪些问题如何解决的			
	组长签字		教师签字	

四、质量验收

根据表 1-6 的内容对本任务的完成情况进行验收。

表 1-6　控制柜的安装验收表

序号	验收内容	是否合格
1	控制柜与门窗的距离不小于 600mm	
2	控制柜与墙的距离不小于 600mm	
3	控制柜与机械设备之间距离不小于 500mm	
4	控制柜安装应布局合理，固定牢固，其垂直偏差不应大于 1.5‰，水平度小于 1‰	
5	控制柜、屏应用螺栓固定于型钢或混凝土基础上，基础应高出地面 50~100mm	
6	机房内控制柜的安装应布局合理，横竖端正，整齐美观，控制柜的安装位置应符合电梯土建布置图中的要求	
7	问题记录： 解决方法：	

五、考核评价

根据表 1-7 对本任务的完成情况进行考核。

表 1-7　考核评价表

序号	评价内容	满分	评 价 标 准	评价方式	扣分	得分
1	安全意识	10	1）不按要求穿着工作服、戴安全帽、系安全带、穿绝缘鞋，扣 5 分 2）未在工作现场设立护栏或警示牌，扣 2 分 3）不按安全要求规范使用工具，扣 2 分 4）其他违反安全操作规范的行为，扣 1 分	互评		
2	施工	50	1）控制柜安装位置不合理，扣 5 分 2）工具使用不正确，扣 5 分 3）控制柜底座安装不合格，扣 10 分	师评		
3	理论支撑	20	1）正确说出控制柜的作用 2）认识控制内的结构部件及其作用	师评		
4	职业素养	20	1）施工过程中工具、材料摆放凌乱，扣 5 分 2）施工结束后没有整理工作现场，扣 5 分 3）不爱护工具、设备和仪表，扣 5 分	师评		
教师签字：				最终得分：		

任务三　机房布线

一、知识储备

1. 线槽、线管的选用原则是什么?

2. 画出机房线槽敷设示意图?

3. 电梯系统的接地有哪些要求?

二、工作准备

1. 使用的设备: _____

2. 使用的材料: _____

3. 使用的机具: _____

4. 分析机房电缆的连接关系,填入表 1-8,并记录实际使用的线号。

表 1-8　机房电缆的连接关系

位置	连 接 部 位	电压等级	线号

三、任务实施

根据表 1-9 的步骤完成机房布线工作。

表 1-9 机房布线

步序	步 骤 名 称	安 装 说 明	使用的机具、材料	是否完成
1	画图	根据机房电气设备布局情况,画出机房线槽敷设示意图		
2	定位电源箱线槽位置	根据示意图,定位电源箱线槽位置		
3	固定线槽	安装固定线槽		
4	定位电源箱到控制柜线槽	定位电源箱到控制柜之间的线槽路径		
5	固定线槽	安装固定线槽		
6	定位控制柜到曳引机线槽并将其固定	定位控制柜到曳引机之间线槽位置,并安装固定线槽		
7	定位其他线槽并固定	定位其他电气设备线槽路径,并安装固定线槽		
8	安装线槽接地线	安装金属线槽之间的接地线		
9	敷设线缆	根据电气原理图及线缆要求敷设线缆		
10	连接线缆	根据设计图纸说明连接线路		
11	安装线槽盖	线路敷设完成后,安装线槽盖		
12	遇到哪些问题如何解决的			
	组长签字		教师签字	

四、质量验收

根据表 1-10 的内容对本任务的完成情况进行验收。

表 1-10 机房布线验收表

序号	验 收 内 容	是否合格
1	向电梯供电的电源线路,不应敷设在电梯井内。机房内配线应使用导线管或导线槽保护,应是阻燃型的	
2	电缆线也可以通过明线槽,从控制柜的后面或前面的引线口把线引入控制柜	
3	电梯动力线与控制线应分离敷设,从进机房电源起,零线和接地线应始终分开,接地线的颜色为黄绿双色绝缘线	
4	导线管、导线槽的敷设应平整、整齐、牢固,线槽内导线总面积不大于槽净面积的60%;线管内导线总面积不大于管内净面积的40%;软管固定间距不大于1m。端头固定间距不大于0.1m	
5	出入导线管或导线槽的导线,应使用专用护口,如无专用护口时,应加有保护措施。导线的两端应有明显的接线编号或标记	
6	所有电气设备及导线管、导线槽的外露可导电部分均必须可靠接地	
7	机房和井道内的配线也应使用导线管或导线槽保护、电气装置的导线槽、导线管等非带电金属部位,均涂防锈漆或镀锌	
8	问题记录: 解决方法:	

五、考核评价

根据表 1-11 对本任务的完成情况进行考核。

表 1-11 考核评价表

序号	评价内容	满分	评 价 标 准	评价方式	扣分	得分
1	安全意识	10	1) 不按要求穿着工作服、戴安全帽、系安全带、穿绝缘鞋，扣 5 分 2) 未在工作现场设立护栏或警示牌，扣 2 分 3) 不按安全要求规范使用工具，扣 2 分 4) 其他违反安全操作规范的行为，扣 1 分	自评		
2	施工	50	1) 线槽敷设位置不合理，扣 5 分 2) 线槽选型不合格，扣 5 分 3) 线槽盖没盖好，错一根扣 5 分 4) 线槽中的线有接头，扣 5 分 5) 线槽拐角处处理不正确，扣 5 分 6) 接线不正确，扣 5 分 7) 工具使用不正确，扣 5 分	师评		
3	理论支撑	20	1) 正确说出机房布线分哪几组 2) 熟知机房布线的要求	师评		
4	职业素养	20	1) 施工过程中工具、材料摆放凌乱，扣 5 分 2) 施工结束后没有整理工作现场，扣 5 分 3) 不爱护工具、设备和仪表，扣 5 分	互评		

教师签字：　　　　　　　　　　　　　　　　　最终得分：

项目二
安装井道电气系统

姓名_____ 学号_____ 班级_____
日期_____ 工友_____

安装井道电气设备需要什么样的作业条件？

 安装呼梯盒及其控制单元

一、知识储备

1. 电梯呼梯盒的作用是什么？

2. 电梯呼梯盒的安装位置有什么要求？

— 15 —

二、工作准备

1. 使用的设备：_____

2. 使用的材料：_____

3. 使用的机具：_____

三、任务实施

根据表 2-1 的步骤完成呼梯盒的安装。

表 2-1　呼梯盒的安装

步序	步骤名称	安装说明	使用的机具、材料	是否完成
1	呼梯盒的定位	根据要求确定呼梯盒位置		
2	安装呼梯盒底座	安装并固定呼梯盒底座		
3	连接线路	连接呼梯盒线路		
4	固定呼梯盒面板	调整呼梯盒，固定呼梯盒面板		
5	遇到哪些问题如何解决的			
	组长签字		教师签字	

四、质量验收

根据表 2-2 的内容对本任务的完成情况进行验收。

表 2-2　呼梯盒的安装验收表

序号	验收内容	是否合格
1	埋入墙内的按钮盒、层楼显示盒等盒口不应突出装饰面，盒面板与墙面应贴实无间隙	
2	呼梯按钮盒应在层门距地 1.2~1.4m 的墙壁上，且盒边距层门边 200~300m。群控电梯呼梯盒应装在两台电梯的中间位置	
3	在同一候梯厅有 2 台及以上电梯并列或相对安装时，各呼梯盒的高度偏差值 ≤2mm；与层门边的距离偏差 ≤10mm；相对安装的各层指示灯盒和各呼梯盒的高度偏差均 ≤5mm	
4	具有消防功能的电梯，必须在基站或撤离层设置消防开关，消防开关盒应装在呼梯盒的上方，其底边距地面高度为 1.6~1.7m	
5	在同一候梯厅有 2 台及以上电梯并列或相对安装时，各层门的指示灯面板的高度偏差 ≤5mm	
6	层楼显示器的安装应横平竖直，其误差 ≤1mm，层楼显示中心与门中心偏差 ≤5mm 候梯厅楼层显示盒应安装在层门口上 150~250mm 的层门位置	
7	问题记录： 解决方法：	

五、考核评价

根据表 2-3 对本任务的完成情况进行考核。

表 2-3　考核评价表

序号	评价内容	满分	评 价 标 准	评价方式	扣分	得分
1	安全意识	10	1）不按要求穿着工作服、戴安全帽、系安全带、穿绝缘鞋,扣 5 分 2）未在工作现场设立护栏或警示牌,扣 2 分 3）不按安全要求规范使用工具,扣 2 分 4）其他违反安全操作规范的行为,扣 1 分	自评		
2	施工	50	1）呼梯盒安装位置不合理,扣 5 分 2）安装前没有检查呼梯盒的按钮是否正常,扣 5 分 3）呼梯盒的接线拉得太紧,扣 5 分 4）进出呼梯盒壳体的线没用专用护口保护,扣 5 分 5）接地线安装不正确,扣 5 分 6）工具使用不正确,扣 5 分	师评		
3	理论支撑	20	1）正确说出各层呼梯盒的连接关系 2）正确说出呼梯盒与其他控制系统的工作关系	师评		
4	职业素养	20	1）施工过程中工具、材料摆放凌乱,扣 5 分 2）施工结束后没有整理工作现场,扣 5 分 3）不爱护工具、设备和仪表,扣 5 分	互评		

教师签字:　　　　　　　　　　　　　　　最终得分:

 **任务二　安装井道电气设备**

一、知识储备

1. 电梯终端保护开关的从上向下都有哪些? 分别起到什么作用?

2. 电梯的井道照明安装有哪些要求?

二、工作准备

1. 使用的设备: _____

2. 使用的材料: _____

3. 使用的机具: _____

三、任务实施

根据表2-4的步骤完成井道电气设备的安装。

表2-4 井道电气设备的安装

步序	步骤名称	安装说明	使用的机具、材料	是否完成
1	定位终端保护开关	根据电梯设计要求定位终端保护开关位置		
2	安装固定终端保护开关	在导轨上安装并固定终端保护开关		
3	连接线路	连接终端保护开关线路		
4	定位平层感应器位置	根据设计要求确定电梯平层感应器安装位置		
5	安装固定平层感应器	安装并固定平层感应器		
6	连接线路	连接平层感应器线路		
7	安装固定层门门锁	安装固定各层层门门锁		
8	连接门锁电路	连接层门门锁电路		
9	遇到哪些问题如何解决的			
	组长签字		教师签字	

四、质量验收

根据表2-5的内容对本任务的完成情况进行验收。

表2-5 井道电气设备的安装验收表

序号	验收内容	是否合格
1	开关安装应牢固,不得焊接固定,安装后要进行调整,使其碰轮与碰铁可靠接触,开关触点可靠动作,碰轮沿碰铁全长移动不应有卡阻,且碰轮略有压缩余量。碰轮距碰铁边不小于5mm,当碰铁脱离碰轮后其开关应立即复位	
2	碰铁一般安装在轿厢侧面,碰铁应无扭曲、变形,表面应光滑,安装后调整其垂直偏差不大于长度的1/1000,最大偏差不大于3mm(碰铁的斜面除外)	
3	平层感应装置配线应连接牢固,接触良好,包扎紧密,绝缘可靠,标志清楚,绑扎整齐美观	
4	平层感应器的附属构架、导线管、导线槽等非带电金属部分的防腐处理应涂漆均匀、无遗漏	
5	隔磁板安装应垂直,其偏差≤1‰,插入感应器时应位于中间,插入深度距离感应器底10mm,偏差不大于2mm,若感应器灵敏度达不到要求时,可适当调整感应器	
6	安装时,将感应器支架固定在轿厢架立柱上,然后装上感应器,校正上下两只感应器的垂直偏差不大于1mm	
7	层门锁钩必须动作灵活,在证实锁紧的电气安全装置动作之前,锁紧元件的最小啮合深度为7mm	
8	接地支线应采用黄绿相间的双色绝缘导线	
9	问题记录: 解决方法:	

五、考核评价

根据表 2-6 对本任务的完成情况进行考核。

表 2-6　考核评价表

序号	评价内容	满分	评 价 标 准	评价方式	扣分	得分
1	安全意识	10	1) 不按要求穿着工作服、戴安全帽、系安全带、穿绝缘鞋,扣 5 分 2) 未在工作现场设立护栏或警示牌,扣 2 分 3) 不按安全要求规范使用工具,扣 2 分 4) 其他违反安全操作规范的行为,扣 1 分	自评		
2	施工	50	1) 平层感应器安装位置不合理,扣 5 分 2) 平层感应器的接线不正确,错一根线扣 5 分 3) 终端保护开关安装位置不正确,扣 5 分 4) 终端保护开关的接线不正确,扣 5 分 5) 工具使用不正确,扣 5 分	师评		
3	理论支撑	20	1) 正确说出井道中的传感器有哪些 2) 正确说出终端保护开关的名称和作用	师评		
4	职业素养	20	1) 施工过程中工具、材料摆放凌乱,扣 5 分 2) 施工结束后没有整理工作现场,扣 5 分 3) 不爱护工具、设备和仪表,扣 5 分	互评		

教师签字:　　　　　　　　　　　　　　　　最终得分:

井道布线

一、知识储备

1. 电梯中间接线盒的安装有哪些要求?

2. 电梯随行电缆的安装有哪些要求?

二、工作准备

1. 使用的设备: _____

2. 使用的材料: _____

3. 使用的机具: _____

三、任务实施

根据表 2-7 的步骤完成井道布线。

表 2-7 井道布线

步序	步 骤 名 称	安 装 说 明	使用的机具、材料	是否完成
1	在井道内定位安装随行电缆卡子	根据要求电位随行电缆固定位置		
2	定位中间接线盒位置	根据要求井道中定位中间接线盒位置		
3	在井道内安装固定随行电缆	敷设随行电缆,并固定		
4	随行电缆长度的调节	调节随行电缆长度,应符合要求,并固定随行电缆		
5	安装井道线槽	安装井道内主线槽		
6	连接井道线槽接地线	连接线槽之间的黄绿接地线		
7	连接门锁电路	敷设井道线缆,连接各层门门锁电路		
8	连接呼梯盒电路	连接各层面站呼梯盒电路		
9	连接终端保护开关电路	连接电梯上下终端保护开关电路		
10	连接井道照明电路	连接井道照明电路		
11	安装紧固线槽盖	完成线路安装敷设,紧固线槽盖		
12	遇到哪些问题 如何解决的			
	组长签字		教师签字	

四、质量验收

根据表 2-8 的内容对本任务的完成情况进行验收。

表 2-8 井道布线验收表

序号	验 收 内 容	是否合格
1	安装随行电缆架时,应使电梯电缆避免与限速器钢丝绳、限位开关、感应器和对重装置等接触和交叉,保证随行电缆在运行中不得与导线槽、导线管发生卡阻	
2	在中间接线盒的下方 200mm 外安装随行电缆架。固定随行电缆架要用不小于 M16 的膨胀螺栓两条以上(视随行电缆重量而定),以保证其牢固	
3	轿底电缆架的安装方向应与井道随行电缆架一致,并使电梯电缆位于井道底部时,能避开缓冲器且保持不小于 200mm 的距离	
4	轿底电缆支架与井道随行电缆架的水平距离不应小于:8 芯电缆为 500mm,16~24 芯电缆为 800mm	
5	保证在轿厢蹲底或冲顶时不使随行电缆拉紧,在正常运行时不蹭轿厢和地面;蹲底时随行电缆距地面 100~200mm 为宜	
6	随行电缆安装后不应有打结和波浪扭曲现象,多根电缆安装后长度应一致,以防因电缆伸缩量不同而导致电缆受力不均	

序号	验 收 内 容	是否合格
7	导线管、导线槽的敷设应整齐牢固。导线槽内导线总面积不应大于导线槽净面积的 60%；导线管内导线总面积不应大于导线管内净面积的 40%；软管固定间距不应大于 1m，端头固定间距不应大于 0.1m	
8	井道内应按产品要求配线。软线和无护套电缆应在导线管、导线槽或能确保起到等效防护作用的装置中使用。护套电缆可明敷于井道或机房内，但不得明敷于地面	
9	问题记录： 解决方法：	

五、考核评价

根据表 2-9 对本任务的完成情况进行考核。

表 2-9　考核评价表

序号	评价内容	满分	评 价 标 准	评价方式	扣分	得分
1	安全意识	10	1）不按要求穿着工作服、戴安全帽、系安全带、穿绝缘鞋，扣 5 分 2）未在工作现场设立护栏或警示牌，扣 2 分 3）不按安全要求规范使用工具，扣 2 分 4）其他违反安全操作规范的行为，扣 1 分	自评		
2	施工	50	1）井道中线槽安装位置不合理，扣 5 分 2）线槽没有固定好，扣 5 分 3）线槽内导向有接头，扣 5 分 4）进出箱体的非护套线没用专用护口保护，扣 5 分 5）工具使用不正确，扣 5 分	师评		
3	理论支撑	20	1）正确说出井道中有哪些线路 2）正确说出井道中布线的要求	师评		
4	职业素养	20	1）施工过程中工具、材料摆放凌乱，扣 5 分 2）施工结束后没有整理工作现场，扣 5 分 3）不爱护工具、设备和仪表，扣 5 分	互评		

教师签字：	最终得分：

项目三
安装轿厢电气系统

姓名_____ 学号_____ 班级_____
日期_____ 工友_____

安装轿厢电气系统需要什么样的作业条件?

 安装轿顶电气设备

一、知识储备

1. 国标对检修开关有哪些要求?

2. 电梯轿顶有哪些电气设备?

二、工作准备

1. 使用的设备：＿＿＿＿＿＿＿＿＿＿＿＿＿＿＿＿＿＿＿＿＿＿＿＿
2. 使用的材料：＿＿＿＿＿＿＿＿＿＿＿＿＿＿＿＿＿＿＿＿＿＿＿＿
3. 使用的机具：＿＿＿＿＿＿＿＿＿＿＿＿＿＿＿＿＿＿＿＿＿＿＿＿

三、任务实施

根据表 3-1 的步骤完成轿顶电气设备的安装。

表 3-1　轿顶电气设备的安装

步序	步骤名称	安 装 说 明	使用的机具、材料	是否完成
1	安装门机	安装自动门机机构		
2	连接门机电路	连接门机控制电路及主电路		
3	固定轿顶检修盒	固定轿顶检修盒		
4	连接轿顶检修盒电路	连接轿顶检修盒电路		
5	安装轿顶接线盒	安装轿顶接线盒并连接电路		
6	遇到哪些问题 如何解决的			
	组长签字		教师签字	

四、质量验收

根据表 3-2 的内容对本任务的完成情况进行验收。

表 3-2　轿顶电气设备安装验收表

序号	验 收 内 容	是否合格
1	轿顶检修盒的照明电源和插座电源的开关所控制的电路均应具有各自的短路保护	
2	轿顶检修盒的插座电源应与电梯驱动主机电源分开,可通过另外的电路或通过主开关供电侧相连,从而获得插座电源	
3	轿顶检修盒配线应连接牢固,接触良好,包扎紧密,绝缘可靠,标志清楚,绑扎整齐美观	
4	轿顶检修盒的照明电源应与电梯驱动主机电源分开,可通过另外的电路或通过主开关供电侧相连,从而获得照明电源	
5	自动门机及导线管、导线槽的外露可导电部分均必须可靠接地;接地支线应分别直接接至接地线干线接线柱上,不得互相连接后再接地	
6	问题记录: 解决方法:	

五、考核评价

根据表 3-3 对本任务的完成情况进行考核。

表3-3 考核评价表

序号	评价内容	满分	评价标准	评价方式	扣分	得分
1	安全意识	10	1) 不按要求穿着工作服、戴安全帽、系安全带、穿绝缘鞋,扣5分 2) 未在工作现场设立护栏或警示牌,扣2分 3) 不按安全要求规范使用工具,扣2分 4) 其他违反安全操作规范的行为,扣1分	自评		
2	施工	50	1) 轿顶检修盒安装位置不合理,扣5分 2) 轿顶检修盒内的接线不正确,错一根线扣5分 3) 轿顶检修盒内的导线颜色不正确,错一根扣5分 4) 进出检修盒的线没用专用护口保护,扣5分 5) 接地线安装不正确,扣5分 6) 零线安装不正确,扣5分 7) 工具使用不正确,扣5分	师评		
3	理论支撑	20	1) 正确说出轿顶检修盒的作用 2) 正确说出轿顶检修盒的安装要求	互评		
4	职业素养	20	1) 施工过程中工具、材料摆放凌乱,扣5分 2) 施工结束后没有整理工作现场,扣5分 3) 不爱护工具、设备和仪表,扣5分	互评		

教师签字: 　　　　　　　　　　　　　　　　最终得分:

 **安装轿内、轿底电气设备**

一、知识储备

1. 轿厢内照明、风扇的安装应注意哪些问题?

2. 电梯轿内、轿底有哪些电气设备?

二、工作准备

1. 使用的设备：_____
2. 使用的材料：_____
3. 使用的机具：_____

三、任务实施

根据表 3-4 的步骤完成轿内、轿底电气设备的安装。

表 3-4　轿内、轿底电气设备的安装

步序	步骤名称	安 装 说 明	使用的机具、材料	是否完成
1	轿内操纵箱接线	连接轿内操纵箱电气线路		
2	轿内操纵箱调整	根据要求调整轿内操纵箱安装位置		
3	轿内操纵箱固定	调整好操纵箱位置后,固定操纵箱		
4	安装轿顶照明及风扇	安装轿厢内照明和风扇设备		
5	安装轿底超载装置	安装轿底轿厢超载传感器		
6	连接电路	连接各电气设备电路		
7	遇到哪些问题 如何解决的			
	组长签字		教师签字	

四、质量验收

根据表 3-5 对本任务的完成情况进行验收。

表 3-5　轿内、轿底电气设备安装验收表

序号	验 收 内 容	是否合格
1	轿内操纵箱及导线管、导线槽的外露可导电部分均必须可靠接地;接地支线应分别直接接至接地线干线接线柱上,不得互相连接后再接地	
2	轿内操纵箱的安装应布局合理,横平竖直,整齐美观 轿厢操纵箱内的各种开关的固定必须可靠,且不得采用焊接	
3	如果照明是白炽灯,至少要有两只并联的灯泡	
4	轿厢应设置永久性的电气照明装置,控制装置上的照度宜不小于 50Lx,轿厢地板上的照度宜不小于 50Lx	
5	使用中的电梯,轿厢应有连续照明。对动力驱动的自动门,当轿厢停在层站上,门自动关闭时,则可关断照明	
6	轿厢应有自动再充电的紧急照明电源,在正常照明电源中断的情况下,它能至少供 1W 灯泡用电 1h。在正常照明电源一旦发生故障的情况下,应自动接通紧急照明电源	
7	问题记录: 解决方法:	

五、考核评价

根据表 3-6 对本任务的完成情况进行考核。

表 3-6　考核评价表

序号	评价内容	满分	评 价 标 准	评价方式	扣分	得分
1	安全意识	10	1) 不按要求穿着工作服、戴安全帽、系安全带、穿绝缘鞋,扣 5 分 2) 未在工作现场设立护栏或警示牌,扣 2 分 3) 不按安全要求规范使用工具,扣 2 分 4) 其他违反安全操作规范的行为,扣 1 分	自评		
2	施工	50	1) 轿内操纵箱的安装位置不合理,扣 5 分 2) 安装前没有检查操纵箱的零部件是否合格,扣 5 分 3) 操纵箱的线拉扯太紧,扣 5 分 4) 进出箱体的线没用专用护口保护,扣 5 分 5) 壳体没有接地,扣 5 分 6) 工具使用不正确,扣 5 分	师评		
3	理论支撑	20	1) 正确说出轿内操纵盘都有哪些功能 2) 正确说出轿内操纵盘的工作过程	师评		
4	职业素养	20	1) 施工过程中工具、材料摆放凌乱,扣 5 分 2) 施工结束后没有整理工作现场,扣 5 分 3) 不爱护工具、设备和仪表,扣 5 分	互评		

教师签字:　　　　　　　　　　　　　　　最终得分:

项目四

安装底坑电气系统

姓名＿＿＿＿ 学号＿＿＿＿ 班级＿＿＿＿
日期＿＿＿＿ 工友＿＿＿＿

安装底坑电气系统需要什么样的作业条件？

任务 安装底坑电气系统

一、知识储备

1. 底坑检修盒与其他检修盒有什么区别？为什么要这样设置？

2. 张紧装置的安装位置有什么要求？

3. 松绳和断绳开关在什么情况下必须动作？

二、工作准备

1. 使用的设备：＿＿＿＿＿＿＿＿＿＿＿＿＿＿＿＿＿＿＿＿＿＿＿
2. 使用的材料：＿＿＿＿＿＿＿＿＿＿＿＿＿＿＿＿＿＿＿＿＿＿＿

3. 使用的机具：＿＿＿＿＿＿＿＿＿＿＿＿＿＿＿＿＿＿＿＿＿＿＿＿＿＿＿＿

4. 分析底坑电缆的连接关系，填入表4-1，并记录实际使用的线号。

表4-1　底坑电缆的连接关系

位置	连接部位	电压等级	线号

三、任务实施

根据表4-2的步骤完成底坑电气系统的安装。

表4-2　底坑电气系统的安装

步序	步骤名称	安装说明	使用的机具、材料	是否完成
1	打孔	在底坑墙壁上选取检修盒的安装位置，用手枪钻在墙壁上钻出4个安装孔位		
2	打入膨胀螺栓	在4个安装孔位均打入合格的膨胀螺栓		
3	固定检修盒底座	把检修盒底座的安装孔对准墙壁上的4个膨胀螺栓，并用螺母固定好		
4	检修盒的布线	把从井道总线槽引下来的线通过底坑的线槽引到检修盒内		
5	照明灯和插座接线	根据接线要求把照明灯和两个插座的线接好		
6	开关接线	把检修盒面板上的底坑照明开关、井道照明开关和急停开关的线接好		
7	盖面板	把检修盒的面板与其底座固定好		
8	确定安装位置	在底坑的张紧装置附近，确定松绳和断绳开关的安装位置		
9	安装开关支架	把松绳和断绳开关的支架固定在合适位置		

步序	步骤名称	安装说明	使用的机具、材料	是否完成
10	安装开关	把松绳和断绳开关固定在开关支架上，并调整好位置		
11	松绳和断绳开关的布线	把从井道总线槽引下来的线通过底坑线槽和蛇皮管引入到开关处		
12	开关接线	把开关的线接好		
13	缓冲器开关的布线	把从井道总线槽引下来的线通过底坑线槽和蛇皮管引到限速器开关并把线接好 盖上线槽盖		
14	遇到哪些问题如何解决的			
组长签字		教师签字		

四、质量验收

根据表 4-3 的内容对本任务的完成情况进行验收。

表 4-3 底坑电气系统安装验收表

序号	验收内容		是否合格
1	检修盒与墙壁固定应牢固可靠		
2	导线穿过箱体时应有护口		
3	底坑检修盒的安装位置应合适,易于接近		
4	底坑检修盒应完整无损		
5	用万用表检查检修盒上的插座是否合格		
6	验证急停开关是否起作用,人为动作 3 次,开关应动作应可靠有效,且为双稳态		
7	松绳及断绳开关的安装位置应不宜误动作		
8	人为动作松绳及断绳开关 3 次以上,开关应工作可靠		
9	人为操作,让缓冲器开关动作 3 次以上,它应能通断可靠		
10	验证开关	测试内容	结果
		按下底坑急停开关,测量安全电路通断	
		恢复底坑急停开关,测量安全电路通断	
		按下松绳和断绳开关,测安全电路通断	
		恢复松绳和断绳开关,测量安全电路通断	
		按下缓冲器开关,测量安全电路通断	
		恢复缓冲器开关,测量安全电路通断	
		往上拨动底坑照明开关,底坑照明灯亮还是灭	
		往下拨动底坑照明开关,底坑照明灯亮还是灭	
		往上拨动井道照明开关,井道灯亮还是灭	
		往下拨动井道照明开关,井道灯亮还是灭	

序号	验 收 内 容			是否合格
11	测量底坑插座的电压	测量内容	结果	
		测量底坑三孔插座的电压		
		测量底坑两孔插座的电压		
12	问题记录： 解决方法：			

五、考核评价

根据表4-4对本任务的完成情况进行考核。

表4-4　考核评价表

序号	评价内容	满分	评 价 标 准	评价方式	扣分	得分
1	安全意识	10	1) 不按要求穿着工作服、戴安全帽、系安全带、穿绝缘鞋，扣5分 2) 未在工作现场设立护栏或警示牌，扣2分 3) 不按安全要求规范使用工具，扣2分 4) 其他违反安全操作规范的行为，扣1分	自评		
2	施工	50	1) 底坑急停开关、缓冲器开关和张紧装置开关安装位置不合理，一个扣5分 2) 底坑急停开关、插座、缓冲器开关、张紧装置开关的接线不正确，错一根线扣5分 3) 进出箱体的线没用专用护口保护，扣5分 4) 接地线安装不正确，扣5分 5) 零线安装不正确，扣5分 6) 工具使用不正确，扣5分	师评		
3	理论支撑	20	1) 正确说出底坑有哪些电气设备 2) 熟知底坑中各开关的作用	师评		
4	职业素养	20	1) 施工过程中工具、材料摆放凌乱，扣5分 2) 施工结束后没有整理工作现场，扣5分 3) 不爱护工具、设备和仪表，扣5分	互评		

教师签字：　　　　　　　　　　　　　　　最终得分：

项目五
电梯调试及试验

姓名_____ 学号_____ 班级_____
日期_____ 工友_____

 慢车/快车调试

一、知识储备

1. 机房检修和轿顶检修哪个优先？为什么？

2. 电梯通电调试前要做哪些准备工作？

3. 机房检修运行前要检查哪些方面？

4. 机房检修运行的调试步骤有哪些？

5. 电梯快车运行调试前现场机械装配检查及确认项目有哪些？

6. 电梯快车运行调试前电气装配检查和确认项目有哪些?

7. 如何在机房内进行快车运行的调试工作?

8. 如何在轿内进行快车运行调试工作?

9. 在完成所有慢速运行试验的情况下，电梯的运行已处在所有＿＿＿＿＿＿及＿＿＿＿＿＿安全保护装置起作用下的运行，因此电梯的快速运行也必将在所有＿＿＿＿＿起作用的情况下进行。

10. 在令电梯快速运行试验之前，首先要将电梯慢速运行至整个行程的＿＿＿＿＿，以防止电梯＿＿＿＿＿＿＿＿＿时，有时间采取＿＿＿＿＿＿＿＿＿措施；并令电梯处于＿＿＿＿＿＿＿状态，轿内装有额定负载的＿＿＿＿＿＿，轿内不设置＿＿＿＿＿人员。并在＿＿＿＿＿内将电梯门＿＿＿＿＿＿后，拆除＿＿＿＿＿＿的吸引线圈接线端子，这样，在电梯到站后就＿＿＿＿＿，以防止快速调试过程中各个层楼的人员＿＿＿＿＿＿。

二、任务实施

1. 设备、材料要求

设备、材料要求及使用情况见表 5-1。

表 5-1　设备、材料要求及使用情况

序号	要　　求	具体使用情况描述	是否合格
1	各电气设备及部件的规格、数量、质量应符合有关要求 各种开关应动作灵活可靠 控制柜、励磁柜应有出厂合格证		
2	槽钢、角钢无锈蚀、膨胀螺栓、螺钉、射钉、射钉子弹、电焊条等的规格、性能应符合图纸及使用要求		
3	主要机具： 电焊机及电焊工具、线锤、钢直尺、扳手、钢锯、盒尺、射钉器、防护面罩、电锤、脱线钳、螺钉旋具、克丝钳、电工刀、手电钻		

2. 作业条件

3. 操作工艺

4. 质量要求

5. 成品保护

6. 应注意的质量要求问题

三、考核评价

根据表 5-2 对本任务的完成情况进行考核。

表 5-2　考核评价表

序号	评价内容	满分	评 价 标 准	评价方式	扣分	得分
1	安全意识	10	1) 不按要求穿着工作服、戴安全帽、系安全带、穿绝缘鞋, 扣 5 分 2) 未在工作现场设立护栏或警示牌, 扣 2 分 3) 不按安全要求规范使用工具, 扣 2 分 4) 其他违反安全操作规范的行为, 扣 1 分	自评		
2	调试	50	1) 慢车调试前没有进行机械检查, 扣 5 分 2) 慢车调试前没有进行电气检查, 扣 5 分 3) 慢车调试过程中没有检查门锁电路和各种间隙是否合格, 每个扣 5 分 4) 调试过程中缺少呼应, 扣 5 分 5) 不符合规范的带电操作, 扣 5 分 6) 快车调试没有按照由单层运行到多层运行的顺序进行, 扣 5 分	师评		
3	理论支撑	20	1) 熟知慢车/快车调试的要求和步骤 2) 谨记调试的注意事项	师评		

序号	评价内容	满分	评 价 标 准	评价方式	扣分	得分
4	职业素养	20	1) 施工过程中工具、材料摆放凌乱, 扣5分 2) 施工结束后没有整理工作现场, 扣5分 3) 不爱护工具、设备和仪表, 扣5分	互评		

教师签字：　　　　　　　　　　　　　　　最终得分：

 # 门联锁电路的调整

一、知识储备

1. 简述层门门锁啮合深度的调整方法。

2. 简述年度保养检查电梯层门、轿门系统的内容及要求。

3. 简述层门联锁发生故障安全操作的注意事项。

4. 简述导致剪切、碰撞事故的人为因素和非人为因素。

5. 简述导致坠落井道事故的人为因素和非人为因素。

6. 门锁装置为_____的一部分，分为_____和_____。层门门锁装置由_____和_____构成，两者_____。

7. 主门锁由_____、_____和一对_____组成，锁钩和触点在锁盒_____。

8. 所有层门的门锁触点应_____在一起，当所有的层门完全_____，锁钩和触点可靠接触后电梯才能运行。

9. 门锁装置有两种形式。其中一种是_____门锁，作用是：当电梯轿厢不在某一楼层停靠时，这一层的层门应被_____而不能打开。另一种是电联锁，其作用是当电梯的层门打开时，电联锁的触点就_____，从而切断电梯的_____，电梯就无法运行。

10. 只有在轿门、层门都关好，_____接通后，才可使电梯_____接通，电梯才能运行。

11. 机械门锁与电联锁组成一体的钩子锁称为_____。

12. 电梯运行时，安装在轿门上的_____从层门_____上的两个_____之间通过。_____处于层门门锁两个橡皮轮_____，当电梯停站开门时，_____带动_____横向移动。

13. 电梯轿门门锁装置包括由_____和_____。门刀装置和门锁装置固定在_____上，门刀底板固定在电梯_____的_____上，锁座固定在____上。

14. 层门锁或轿门锁应由_____、_____或_____来产生和保持____动作。

15. 即使永久磁铁或弹簧功能失效，_____也不能导致_____。

16. 弹簧应在_____状态下作用，弹簧应有_____并满足在开锁时弹簧将不会_____（完全压实）。

17. 一种简单的方法——如加热或冲击，不应使采用_____来保持_____的功能失效。

18. 在电气安全装置作用前，锁紧元件的啮合深度至少为_____。

19. 门锁装置应能承受大小为_____N，作用时间为_____s 的静态力的作用而不产生可能影响安全的_____、_____或断裂。

20. 门锁装置应能承受开锁方向上的_____的冲击作用，试验后不应产生可能影响安全的_____、变形或_____。

21. 在正常速度和时间间隔为_____的条件下，层门锁应能接通和断开一个电压为 110% 额定电压的电路_____次。触点应保持闭合至少_____。

22. 门刀与层门地坎，门锁滚轮与轿厢地坎间隙应为_____**mm**。

23. 在关门行程_____之后，阻止关门的力不超过_____**N**。

24. 层门锁钩、锁臂及动接点动作灵活，在电气安全装置动作之前，锁紧元件的最小啮合长度为_____**mm**。

25. 开锁区域不应大于层站地平面上下_____**m**。在用机械方式驱动轿门和层门同时动作的情况下，开锁区域可增加到不大于层站地平面上下的_____**m**。

26. 导致电梯门联锁失效的主要原因有：电梯_____，电梯检修人员_____，门锁电路_____。

27. 在使用的电梯必须装设有效_____装置。

28. 所有客梯必须装设辅助门锁触点，即每个厅门必须有_____装置。

29. 行车中在任何情况下不可短接_____及_____回路。

30. 在轿厢不停本楼层而层门开启的情况下，必须设置_____及_____或_____。

二、任务实施

1. 设备、材料要求

设备、材料要求及具体使用情况见表 5-3。

表 5-3 设备、材料要求及使用情况

序号	要　　求	具体使用情况描述	是否合格
1	各电气设备及部件的规格、数量、质量应符合有关要求 各种开关应动作灵活可靠 控制柜、励磁柜应有出厂合格证		
2	槽钢、角钢无锈蚀，膨胀螺栓、螺钉、射钉、射钉子弹、电焊条等的规格、性能应符合图纸及使用要求		
3	主要机具： 电焊机及电焊工具、线锤、钢直尺、扳手、钢锯、盒尺、射钉器、防护面罩、电锤、脱线钳、螺钉旋具、克丝钳、电工刀、手电钻		

2. 作业条件

3. 操作工艺

4. 质量要求

5. 成品保护

6. 应注意的问题

三、考核评价

根据表 5-4 对本任务的完成情况进行考核。

表 5-4　考核评价表

序号	评价内容	满分	评价标准	评价方式	扣分	得分
1	安全意识	10	1) 不按要求穿着工作服、戴安全帽、系安全带、穿绝缘鞋,扣5分 2) 未在工作现场设立护栏或警示牌,扣2分 3) 不按安全要求规范使用工具,扣2分 4) 其他违反安全操作规范的行为,扣1分	自评		
2	调试	50	1) 层门门锁没有调整到位,扣5分 2) 轿门门锁没有调整到位,扣5分 3) 层门不能自闭,扣5分 4) 开门宽度不符合要求,扣5分	师评		
3	理论支撑	20	1) 熟知门联锁电路调试的要求和步骤 2) 谨记调试的注意事项	师评		
4	职业素养	20	1) 施工过程中工具、材料摆放凌乱,扣5分 2) 施工结束后没有整理工作现场,扣5分 3) 不爱护工具、设备和仪表,扣5分	互评		

教师签字:　　　　　　　　　　　　　　　　最终得分:

 平层准确度的测定及调整

一、知识储备

1. 平层指轿厢接近停靠站时,欲使_____与_____达到_____的动作。

2. 平层准确度指轿厢到站_____后,_____与层门地坎上平面_____的误差值。

3. 电梯平层感应器一般有_____式和_____式。

4. 轿厢在各层站的平层精确度的检查：通常在检查时，分别进行_____、
_____、满载上下运行，到达同一层站，测量_____，取其_____，该位应达
到技术要求规定的数值。

二、任务实施

1. 设备材料要求_____

2. 作业条件_____

3. 操作工艺

轿厢平层准确度测量记录见表5-5。

表5-5　轿厢平层准确度测量记录

轿厢平层准确度测量记录表						编号			
工程名称						日期		年　月　日	
额定速度/(m/s)		层站		/	驱动方式		层高/m		
达速层数		标准/mm		±	测量工具	深度卡尺	单位/mm		
上　行				下　行					
起　层	停　层	空　载	满　载	起　层	停　层	空　载	满　载		

参加人签字	建设(监理)单位	安装单位		
		技术负责人	质检员	工长

4. 质量要求

— 38 —

5. 成品保护

6. 应注意的问题

三、考核评价

根据表 5-6 对本任务的完成情况进行考核。

表 5-6　考核评价表

序号	评价内容	满分	评 价 标 准	评价方式	扣分	得分
1	安全意识	10	1)不按要求穿着工作服、戴安全帽、系安全带、穿绝缘鞋,扣 5 分 2)未在工作现场设立护栏或警示牌,扣 2 分 3)不按安全要求规范使用工具,扣 2 分 4)其他违反安全操作规范的行为,扣 1 分	自评		
2	调试	50	1)没有按照先单层运行,再多层运行的顺序测量,扣 5 分 2)平层准确度测量方法不正确,扣 5 分 3)不会计算平层准确度,扣 5 分 4)不会判断平层准确度是否合格,扣 5 分 5)不会调整平层准确度,扣 5 分	师评		
3	理论支撑	20	1)熟知平层准确度测量和调整的要求和步骤、计算方法、调整方法和判断标准 2)谨记测量和调整的注意事项	师评		
4	职业素养	20	1)施工过程中工具、材料摆放凌乱,扣 5 分 2)施工结束后没有整理工作现场,扣 5 分 3)不爱护工具、设备和仪表,扣 5 分	互评		

教师签字:　　　　　　　　　　　　　　　最终得分:

 **电梯称重装置开关的调整**

一、知识储备

1. 静载试验及其调整的步。

2. 电梯的静载试验应符合哪些要求?

3. 使电梯行驶至最低层，在电梯轿厢内陆续平稳地加入＿＿＿＿＿＿＿＿＿的额定载荷，超载安全装置应动作，发出＿＿＿＿＿＿，超载信号灯＿＿＿＿，电梯＿＿＿＿，自动门＿＿＿＿。

4. 称重装置按设置位置的不同可分为＿＿＿＿＿＿、＿＿＿＿＿＿和＿＿＿＿＿＿。

5. 称重装置按结构形式的不同可分为＿＿＿＿＿＿、＿＿＿＿＿＿、＿＿＿＿＿＿。

6. 将传感器安装在＿＿＿＿＿＿处，需要附加一块绳头板，将传感器放在主绳头板与＿＿＿＿＿＿＿＿＿中间。

7. 一般轿底是＿＿＿＿＿＿的，称为＿＿＿＿＿＿＿。这种形式的超载装置通常采用＿＿＿＿＿＿作为称量元件。橡胶块均布在＿＿＿＿＿＿上，有＿＿＿＿个，整个轿厢支承在橡胶块上，橡胶块的＿＿＿＿＿＿能直接反映轿厢的重量。

8. 在轿底框中间装有两个＿＿＿＿＿＿、一个在＿＿＿＿＿＿负重时起作用，用于切断电梯＿＿＿＿＿＿电路;另一个在＿＿＿＿＿＿负重时起作用，用于切断＿＿＿＿＿＿。微动开关的螺钉直接装在＿＿＿＿＿＿上，只要调节螺钉的＿＿＿＿，就可调节对＿＿＿＿＿的控制范围。

— 40 —

二、任务实施

1. 设备材料要求

2. 作业条件

3. 操作工艺

超载运行实验报告书

要求:

　1. 断开超载控制电路,电梯在 **110%** 的额定载荷,通电持续率为 **40%** 的情况下,到达全行程范围,起制动运行 **30** 次,电梯应可靠的起动、运行、停止,曳引机工作正常。

　2. 电梯在 **125%** 额定载荷以正常运行速度下行时切断电动机与制动器电源,轿厢应可靠制动。

自检试验结论:

试验员签字（章）:

质检员签字（章）:

年　月　日

---

4. 质量要求

5. 成品保护

6. 应注意的问题

三、考核评价

根据表 5-7 对本任务的完成情况进行考核。

表 5-7 考核评价表

序号	评价内容	满分	评 价 标 准	评价方式	扣分	得分
1	安全意识	10	1) 不按要求穿着工作服、戴安全帽、系安全带、穿绝缘鞋,扣 5 分 2) 未在工作现场设立护栏或警示牌,扣 2 分 3) 不按安全要求规范使用工具,扣 2 分 4) 其他违反安全操作规范的行为,扣 1 分	自评		
2	调试	50	1) 轻载、满载和超载开关位置不合适,扣 5 分 2) 砝码在轿内放置不均匀,扣 5 分 3) 不在一层进行调试,扣 5 分	师评		
3	理论支撑	20	1) 熟知称重装置及其开关调整的要求和步骤 2) 谨记调试的注意事项	师评		
4	职业素养	20	1) 施工过程中工具、材料摆放凌乱,扣 5 分 2) 施工结束后没有整理工作现场,扣 5 分 3) 不爱护工具、设备和仪表,扣 5 分	互评		
教师签字:				最终得分:		

电梯平衡系数的测定及调整

一、知识储备

1. 平衡系数范围鉴定法。

2. 平衡系数精确鉴定法。

3. 以测试交流电梯平衡系数为例，说明试验步骤。

4. 平衡系数是表示_____与_____（含载重量）相对_____的对称平衡度。

5. 对重侧对重块的多少与轿厢的_____和_____有关。

6. 当对重的总重量等于_____时，曳引机输出的曳引转矩最小（只需克服摩擦力）。

7. 平衡系数值应为_____。在综合考虑电梯空载下行和满载上行等特殊条件运行的最大曳引转矩后，其理想值应选取_____。

8. 平衡系数是电梯_____参数，影响驱动电动机的_____。牵引式电梯使用对重的主要目的是为了_____。

二、任务实施

1. 设备材料要求

2. 作业条件

3. 操作工艺

根据表 5-8 完成平衡系数的测定及调整。

表 5-8　平衡系数测定及调速

项目		上行	下行	上行	下行	上行	下行	上行	下行
载重量	额定载重量百分比(%)								
	载重量/kg								
电压值/V									
电流值/A									
电动机转速/(r/min)									
轿厢速度/(m/s)									
平衡系数精确测试		以负载量的额定百分比为横坐标,以电流大小为纵坐标。将上行数据归纳在一起,在负载电流坐标上面画一条上行负载曲线;同样,将下行数据归纳,也画一条下行负载曲线。两条曲线的交点所对应的横坐标值就是平衡系数							
平衡系数的调整		如果平衡系数偏小(低于40%),说明电梯的载重量变小,应该增加对重的重量。由不足的百分比和额定载重量换算出对重侧对重块的数量,加到对重架上。反之,平衡系数偏大,应该减少对重的重量。在调整了对重大小以后,应根据平衡系数精确测定方法再做一次,重新画曲线,直到平衡系数达到要求为止							

4. 质量要求

5. 成品保护

6. 应注意的问题

三、考核评价

根据表 5-9 对本任务的完成情况进行考核。

表 5-9 考核评价表

序号	评价内容	满分	评 价 标 准	评价方式	扣分	得分
1	安全意识	10	1)不按要求穿着工作服、戴安全帽、系安全带、穿绝缘鞋,扣 5 分 2)未在工作现场设立护栏或警示牌,扣 2 分 3)不按安全要求规范使用工具,扣 2 分 4)其他违反安全操作规范的行为,扣 1 分	自评		
2	调试	50	1)没有标记轿厢和对重在平齐位置,扣 5 分 2)在电动机的进线端测量,扣 5 分 3)载荷放置不均匀,扣 5 分 4)钳形电流表使用不正确,扣 5 分 5)不会计算测量电流,扣 5 分 6)不会绘制平衡系数曲线,扣 5 分	师评		
3	理论支撑	20	1)熟知平衡系数测量和调整的要求和步骤 2)谨记调试的注意事项	师评		
4	职业素养	20	1)施工过程中工具、材料摆放凌乱,扣 5 分 2)施工结束后没有整理工作现场,扣 5 分 3)不爱护工具、设备和仪表,扣 5 分	互评		

教师签字:　　　　　　　　　　　　　　　最终得分:

项目六
组装和调试控制柜

姓名＿＿＿＿ 学号＿＿＿＿ 班级＿＿＿＿
日期＿＿＿＿ 工友＿＿＿＿

熟知控制柜中各个元器件的名称和作用。

 组装和调试电源电路

一、工作准备

识读电源电路原理图，如图 6-1 所示，并完成以下任务。

图 6-1　电源电路原理图

1）明确电路所用电气元件名称及其作用。

在表 6-1 中填写本任务所用电气元件的名称、作用及符号。

表 6-1 电气元件名称、作用及符号

序号	名称	作用	符号
1			
2			
3			
4			
5			
6			
7			
8			
9			

2) 小组讨论电源电路的工作原理。

3) 备齐所需电气元件及工具并填写在表 6-2 和表 6-3 中。

表 6-2 电气元件及部分电工器材明细表

代号	名称	型号	规格	数量	是否完好

表 6-3 工具及仪表

电工常用工具	
电路安装工具	
仪表	

按表 6-2 配齐所用电气元件，并进行质量检验。元器件应完好，各项技术指标符合规定要求，否则予以更换。

二、工作实施

1. 制作接线表

正确选择接线路径和线号，填入表 6-4 中，并请指导教师核对。

表 6-4　接线表

序号	线径/mm²	颜色	线号	路径
1				
2				
3				
4				
5				
6				
7				
8				
9				
10				
11				
12				
13				
14				
15				
16				
17				
18				
19				
20				
21				
22				
23				
24				
25				
26				
27				
28				
29				
30				
31				
32				
33				

(续)

序号	线径/mm²	颜色	线号	路径
34				
35				
36				
37				
38				
39				

2. 安装接线

1）请根据表格中的路径进行接线。

2）小组讨论分工合作完成接线。

3. 断电检测

1）检查所接电路，按照电路图从头到尾按顺序检查。

2）用万用表初步测试电路有无短路情况。确保电路未通电的情况下把万用表打到欧姆挡，用万用表检查电路，完成表 6-5。

表 6-5 断电检测

序号	测量项目	测量结果（导通/断开）	说明线路是否正常
1	JXC(1L1)～Q2(R1)		
2	JXC(3L2)～Q2(S1)		
3	JXC(5L3)～Q2(T1)		
4	Q2(R2、S2、T2)～相序		
5	Q2(S2)～变压器(4)		
6	Q2(T2)～变压器(2)		
7	Q2(T2)F1 上接线端		
8	F1 下接线端～端子排 T22		
9	DYB1～F3 上接线端		
10	DYB2～端子排 1202		
11	F3 下接线端～端子排 1201		
12	DYB5～F4 上接线端		
13	F4 下接线端～端子排 2401		
14	DYB6～端子排 2402		
15	变压器 1102～端子排 1102		
16	Q2(R1)～Q2(S1) Q2(S1)～Q2(T1) Q2(R1)～Q2(T1)		
17	端子排 T22～端子排 N		
18	端子排 2401～端子排 2402		
19	端子排 1201～端子排 1202		

49

序号	测量项目	测量结果（导通/断开）	说明线路是否正常
20	端子排 1101~端子排 1102		
21	Q2（R2）~Q2（S2） Q2（R2）~Q2（T2） Q2（R2、S2、T2）~端子排 N		
22	Q2（S2）~Q2（T2）		

4. 通电检测

1） 整理试验台多余的导线和工具，避免对电路造成影响。

2） 为保证人身安全，在通电检测时，一人操作，一人监护，认真执行安全操作规程的有关规定，由指导教师检查并监护现场。

3） 在指导教师检查无误后，经允许后才可以通电检测，完成表6-6。

表6-6 通电检测

序号	测量项目	测量结果（电压）	说明电路状态是否正常
1	Q2（R1）~Q2（S1）		
2	Q2（S1）~Q2（T1）		
3	Q2（R1）~Q2（T1）		
4	Q2（R2）~Q2（S2）		
5	Q2（S2）~Q2（T2）		
6	Q2（R2）~Q2（T2）		
7	BYQ（2）~BYQ（4）		
8	F1 上接线端~N		
9	（闭合 F1）端子排 T22~N		
10	BYQ（12）~BYQ（13）		
11	BYQ（15）~BYQ（16）		
12	（闭合 F2）端子排 1101~1102		
13	DYB1~DYB2（直流挡）		
14	DYB5~DYB6（直流挡）		
15	（闭合下 3）端子排 1201~1202（直流挡）		
16	（闭合下 4）端子排 2401~2402（直流挡）		
17	DYB3~DYB4		
18	DYB7~DYB8		

5. 故障排除

1） 若电路有故障，记录故障现象，判断记录故障部位、可能的故障原因并说明排除故障方法。

2）若电路无故障，小组总结工作过程及学习的知识。

6. 整理现场

三、思考与总结

1. 电梯系统中都需要哪些电源？

2. 电梯电源电路中的电源有几种形式和等级，分别是为哪些设备提供电源的？

3. 电梯电路系统采用什么配电系统？画出配电系统图？并说明与其他系统的区别。

四、考核评价

根据表6-7对本任务的完成情况进行考核。

表 6-7　考核评价表

序号	评价内容	满分	评 价 标 准	评价方式	扣分	得分
1	安全意识	10	1）不按要求穿着工作服、戴安全帽、系安全带、穿绝缘鞋，扣5分 2）未在工作现场设立护栏或警示牌，扣2分 3）不按安全要求规范使用工具，扣2分 4）其他违反安全操作规范的行为，扣1分	自评		
2	组装和调试	50	1）没有检查元器件的质量，扣5分 2）没有按照要求布线，悬空拉线，一个扣5分 3）错接、虚接、短路、断路，一根扣5分 4）断电检测不认真，扣5分 5）私自通电，扣5分 6）调试结果不符合要求，一个扣5分	师评		
3	理论支撑	20	1）熟知电源电路组装和调试的要求和步骤 2）谨记调试的注意事项	师评		
4	职业素养	20	1）施工过程中工具、材料摆放凌乱，扣5分 2）施工结束后没有整理工作现场，扣5分 3）不爱护工具、设备和仪表，扣5分	互评		
教师签字：				最终得分：		

一、工作准备

识读层站呼梯、轿内选层电路，如图 6-2 所示，并完成以下任务。

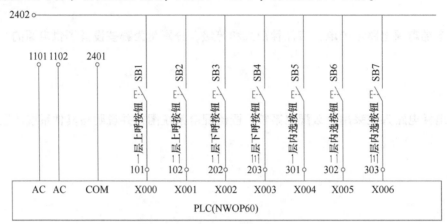

图 6-2 层站呼梯、轿内选层电路

1) 明确电路所用电气元件的名称及作用，将它们填入表 6-8 中。

表 6-8 电气元件名称、作用及符号

序号	名称	作用	符号
1			
2			
3			
4			
5			
6			
7			
8			
9			

2) 小组讨论层站呼梯、轿内选层电路的工作原理。

3) 备齐所需电气元件及工具并填写表 6-9 和表 6-10。

表 6-9 电气元件及部分电工器材明细表

代号	名称	型号	规格	数量	是否完好

代号	名称	型号	规格	数量	是否完好

表 6-10　工具及仪表

电工常用工具	
电路安装工具	
仪表	

按表 6-9 配齐所用电气元件，并进行质量检验。元器件应完好，各项技术指标符合规定要求，否则予以更换。本任务应检查呼梯盒内部电路，是否存在电路问题。

二、工作实施

1. 制作接线表

正确选择接线路径和线号，填入表 6-11 中，并请指导教师核对。

表 6-11　接线表

序号	线径/mm²	颜色	线号	路径
1	0.75			
2	0.75			
3	0.75			
4	0.75			
5	0.75			
6	0.75			
7	0.75			
8	0.75			
9	0.75			
10	0.75			
11	0.75			
12	0.75			
13	0.75			
14	0.75			

2. 安装接线

1）请根据表 6-11 中的路径进行接线，接线时请测量所需导线的长度。

2）小组讨论分工合作完成接线。

3）严格按照接线及布线工艺进行接线。

3. 断电检测

—— 53 ——

1）检查所接电路，根据电路图从头到尾按顺序检查。

2）用万用表初步测试电路有无短路情况。确保电路未通电的情况下把万用表打到欧姆挡，用万用表检查电路，完成表 6-12。

表 6-12　断电检测

序号	测量项目	测量结果（导通/断开）	说明线路是否正常
1	X000～端子排 101		
2	X001～端子排 102		
3	X002～端子排 202		
4	X003～端子排 203		
5	X004～端子排 301		
6	X005～端子排 302		
7	X006～端子排 303		
8	PLC 输入 COM 端～端子排 2401		
9	PLC 的 AC 端～端子排 1101、1102		
10	一层呼梯按钮线 101～2402		
11	二层上呼按钮线 102～2402		
12	二层下呼按钮线 202～2402		
13	三层下呼按钮线 203～2402		
14	内选按钮线 301～2402		
15	内选按钮线 302～2402		
16	内选按钮线 303～2402		

4. 通电检测

1）整理实验台多余的导线和工具，避免对电路造成影响。

2）为保证人身安全，在通电检测时，一人操作，一人监护，认真执行安全操作规程的有关规定，由指导教师检查并监护现场。

3）在指导教师检查无误后，经允许后才可以通电检测，完成表 6-13。

表 6-13　通电检测

序号	测量项目	测量结果（电压）	说明电路状态是否正常
1	PLC 的 AC 端子之间（交流挡）		
2	PLC 的输入 COM 端～端子排 2402		
3	端子排 101～端子排 2402		
4	端子排 102～端子排 2402		
5	端子排 202～端子排 2402		
6	端子排 203～端子排 2402		
7	端子排 301～端子排 2402		
8	端子排 302～端子排 2402		
9	端子排 303～端子排 2402		

5. 故障排除

1）若电路有故障，记录故障现象，判断记录故障部位、可能的故障原因并说明排除故障方法。

2) 若电路无故障，小组总结工作过程及学习的知识。

6. 整理现场

三、思考与总结

1. 电梯系统中有哪些信号是输入给电梯控制系统的？

2. 指令信号是如何输入 PLC 内部的？如何判断输入信号是否输入到 PLC 中？

四、考核评价

根据表 6-14 对本任务的完成情况进行考核。

表 6-14　考核评价表

序号	评价内容	满分	评 价 标 准	评价方式	扣分	得分
1	安全意识	10	1) 不按要求穿着工作服、戴安全帽、系安全带、穿绝缘鞋，扣 5 分 2) 未在工作现场设立护栏或警示牌，扣 2 分 3) 不按安全要求规范使用工具，扣 2 分 4) 其他违反安全操作规范的行为，扣 1 分	自评		
2	组装和调试	50	1) 没有检查元器件的质量，扣 5 分 2) 没有按照要求布线，悬空拉线，一个扣 5 分 3) 错接、虚接、短路、断路，一根扣 5 分 4) 断电检测不认真，扣 5 分 5) 私自通电，扣 5 分 6) 调试结果不符合要求，一个扣 5 分	师评		
3	理论支撑	20	1) 熟知呼梯、选层电路组装和调试的要求和步骤 2) 谨记调试的注意事项	师评		
4	职业素养	20	1) 施工过程中工具、材料摆放凌乱，扣 5 分 2) 施工结束后没有整理工作现场，扣 5 分 3) 不爱护工具、设备和仪表，扣 5 分	互评		

教师签字：　　　　　　　　　　　　　　　　最终得分：

任务三 组装和调试传感器电路

一、工作准备

识读电梯井道传感器线路原理图，如图 6-3 所示，并完成以下任务。

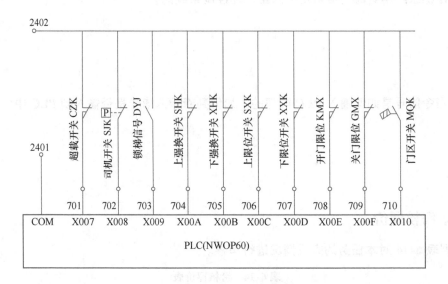

图 6-3　电梯井道传感器电路原理图

1）明确电路所用电气元件名称及其作用，将它们填入表 6-15 中。

表 6-15　电气元件名称及作用

序号	名称	作用	符号
1			
2			
3			
4			
5			
6			
7			
8			
9			

2）小组讨论井道传感器电路的工作原理。

3）备齐所需电气元件及工具并填写在表 6-16 和表 6-17 中。

表 6-16　电气元件及部分电工器材明细表

代号	名称	型号	规格	数量	是否完好

表 6-17　工具及仪表

电工常用工具	
电路安装工具	
仪表	

　　按表 6-16 配齐所用电气元件，并进行质量检验。元器件应完好，各项技术指标符合规定要求，否则予以更换。

二、工作实施

1. 制作接线表

正确选择接线路径和线号及数量，填入接线表表 6-18 中，并请指导教师核对。

表 6-18　接线表

序号	线径/mm²	颜色	线号/数量	路　径
1	0.75			
2	0.75			
3	0.75			
4	0.75			
5	0.75			
6	0.75			
7	0.75			
8	0.75			
9	0.75			
10	0.75			
11	0.75			
12	0.75			

2. 安装接线

1）请根据表 6-18 中的路径进行接线。

2）小组讨论分工合作完成接线。

3）严格按照接线及布线工艺去接线。

3. 断电检测

1）检查所接电路，根据电路图从头到尾按顺序检查。

2）用万用表初步测试电路有无短路情况。确保电路未通电的情况下把万用表打到欧姆挡，用万用表检查电路，完成表 6-19。

表 6-19　断电检测

序号	测 量 项 目	测量结果（导通/断开）	是否正常
1	X007 ~ 端子排 701		
2	X008 ~ 端子排 702		
3	X009 ~ 端子排 703		
4	X00A ~ 端子排 704		
5	X00B ~ 端子排 705		
6	X00C ~ 端子排 706		
7	X00D ~ 端子排 707		
8	X00E ~ 端子排 708		
9	X00F ~ 端子排 709		
10	X010 ~ 端子排 710		
11	内选呼梯盒 701 号线 ~ 内选呼梯盒 2402		
12	内选呼梯盒 702 号线 ~ 内选呼梯盒 2402		
13	内选呼梯盒 703 号线 ~ 内选呼梯盒 2402		
14	井道线路 704 号线 ~ 井道线路 2402		
15	井道线路 705 号线 ~ 井道线路 2402		
16	井道线路 706 号线 ~ 井道线路 2402		
17	井道线路 707 号线 ~ 井道线路 2402		
18	井道线路 708 号线 ~ 井道线路 2402		
19	井道线路 709 号线 ~ 井道线路 2402		
20	井道线路 710 号线 ~ 井道线路 2402		

4. 通电检测

1）整理实验台多余的导线和工具，避免对电路造成影响。

2）为保证人身安全，在通电检测时，一人操作，一人监护，认真执行安全操作规程的有关规定，由指导教师检查并监护现场。

3）在指导教师检查无误后，经允许后才可以通电检测，完成表6-20。

表6-20　通电检测

序号	测 量 项 目	测量结果（电压）	说明电路状态是否正常
1	端子排701～端子排2402		
2	端子排702～端子排2402		
3	端子排703～端子排2402		
4	端子排704～端子排2402		
5	端子排705～端子排2402		
6	端子排706～端子排2402		
7	端子排707～端子排2402		
8	端子排708～端子排2402		
9	端子排709～端子排2402		
10	端子排710～端子排2402		

5. 故障排除

1）若电路有故障，记录故障现象，判断记录故障部位、可能的故障原因并说明排除故障方法。

2）若电路无故障，小组总结工作过程及学习的知识。

6. 整理现场

三、思考与总结

1. 电梯井道中有哪些传感器？

2. 电梯井道中传感器对电梯系统起到什么功能？

四、考核评价

根据表6-21对本任务的完成情况进行考核。

表 6-21 考核评价表

序号	评价内容	满分	评 价 标 准	评价方式	扣分	得分
1	安全意识	10	1)不按要求穿着工作服、戴安全帽、系安全带、穿绝缘鞋,扣5分 2)未在工作现场设立护栏或警示牌,扣2分 3)不按安全要求规范使用工具,扣2分 4)其他违反安全操作规范的行为,扣1分	自评		
2	组装和调试	50	1)没有检查元器件的质量,扣5分 2)没有按照要求布线,悬空拉线,一个扣5分 3)错接、虚接、短路、断路,一根扣5分 4)断电检测不认真,扣5分 5)私自通电,扣5分 6)调试结果不符合要求,一个扣5分	师评		
3	理论支撑	20	1)熟知井道传感器电路组装和调试的要求和步骤 2)谨记调试的注意事项	师评		
4	职业素养	20	1)施工过程中,工具、材料摆放凌乱,扣5分 2)施工结束后没有整理工作现场,扣5分 3)不爱护工具、设备和仪表,扣5分	互评		

教师签字:　　　　　　　　　　　　　最终得分:

　组装和调试检修运行电路

一、工作准备

识读电梯检修运行电路原理图，如图 6-4 所示并完成以下任务。

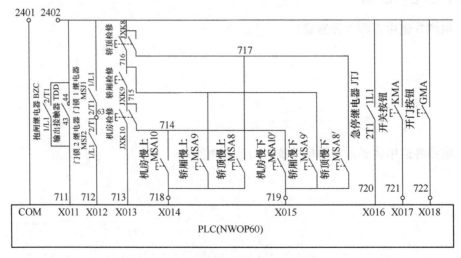

图 6-4　电梯检修运行电路原理图

1）明确电路所用电气元件名称及其作用，将它们填入表 6-22 中。

表 6-22　电气元件名称及作用

序号	名称	作　用	符号
1			
2			
3			
4			
5			
6			
7			

2）小组讨论检修电路的工作原理及作用。

3）备齐所需电气元器件及工具并填写表 6-23 和表 6-24。

表 6-23　电气元件及部分电工器材明细表

代号	名称	型号	规格	数量	是否完好

表 6-24　工具及仪表

电工常用工具	
电路安装工具	
仪表	

按表 6-23 配齐所用电气元件，并进行质量检验。元器件应完好，各项技术指标符合规定要求，否则予以更换，并检查相应元件内部电路。

二、工作实施

1. 制作接线表

正确选择接线路径和线号，填入表 6-25 中，并请指导教师核对。

表 6-25　接线表

序号	线径/mm²	颜色	线号	路　　径
1	0.75			
2	0.75			
3	0.75			
4	0.75			
5	0.75			
6	0.75			
7	0.75			
8	0.75			
9	0.75			
10	0.75			
11	0.75			
12	0.75			
13	0.75			
14	0.75			

2. 安装接线

1）请根据表 6-25 中的路径进行接线，接线时请测量所需导线的长度。

2）小组讨论分工合作完成接线。

3）严格按照接线及布线工艺去接线。

3. 断电检测

1）检查所接电路，根据电路图从头到尾按顺序检查。

2）用万用表初步测试电路有无短路情况。确保电路未通电的情况下把万用表打到欧姆挡，用万用表检查电路，完成表 6-26。

表 6-26　断电检测

序号	测量项目	测量结果（导通/断开）	是否正常
1	X011~BZC(1/L1)		
2	X011~TDD(43)		
3	BZC(1/L1)~TDD(43)		
4	BZC(2/T1)~端子排 2402		
5	TDD(44)~端子排 2402		
6	BZC(2/T1)~TDD(44)		
7	X012~MSJ2(1/L1)		
8	MSJ1(2/T1)~MSJ2(2/T1)		
9	MSJ1(1/L1)~端子排 2402		

序号	测 量 项 目	测量结果（导通/断开）	是否正常
10	X016~JTJ（2/T1）		
11	JTJ（1/L1）~端子排 2402		
12	X017~端子排 721		
13	X018~端子排 722		
14	（按下开门按钮）X017~端子排 2402		
15	（按下开门按钮）X018~端子排 2402		
16	（机房检修打到正常）X013~端子排 715		
17	（轿厢检修打到正常）端子排 715~端子排 716		
18	（轿顶检修打到正常）端子排 716~端子排 2402		
19	X014~端子排 718		
20	X015~端子排 719		
21	（机房检修打到检修按住慢下或慢上）端子排 718/719~端子排 715		
22	（轿厢检修打到检修按住慢下或慢上）端子排 718/719~端子排 716		
23	（轿顶检修打到检修按住慢下或慢上）端子排 718/719~端子排 2402		

4. 通电检测

1）整理实验台多余的导线和工具，避免对电路造成影响。

2）为保证人身安全，在通电检测时，一人操作，一人监护，认真执行安全操作规程的有关规定，由指导教师检查并监护现场。

3）在指导教师检查无误后，经允许后才可以通电检测。在电路通电情况下，使用数字万用表直流电压挡检测电路是否正常，将检测结果填入表 6-27 中。

表 6-27　通电检测

序号	测 量 项 目	测量结果（电压）	说明电路状态是否正常
1	711~端子排 2402		
2	712~端子排 2402		
3	720~端子排 2402		
4	端子排 721~端子排 2402		
5	端子排 722~端子排 2402		
6	端子排 718~端子排 2402		
7	端子排 719~端子排 2402		
8	PLC（X013）~端子排 2402		

4）在通电情况下观察 PLC 输入端口指示灯状态，并填入下表：

表 6-28　PLC 输入端口指示灯状态

序号	观 察 项 目	指示灯变化状态 （亮→灭/灭→亮）	说明电路是否 正常
1	按住开门按钮,观察 X017 指示灯		
2	按住关门按钮,观察 X018 指示灯		
3	机房检修、轿厢检修,轿顶检修均打到正常,观察 X013 指示灯		
4	轿厢检修、轿顶检修均打到正常,机房检修打到检修,按住机房慢上或慢下,观察 X014、X015 指示灯		
5	轿顶检修打到正常,轿厢检修打到检修,同时按住轿厢运行和慢上或慢下,观察 X014、X015 指示灯		
6	轿顶检修打到检修,按住轿顶慢上或慢下,观察 X014、X015 指示灯		
7	轿顶检修打到检修,按住轿厢、机房的慢上或慢下,观察 X014、X015 指示灯		

5. 故障排除

1）若电路有故障，记录故障现象，判断记录故障部位、可能的故障原因并说明排除故障方法。

2）若电路无故障，小组总结工作过程及学习的知识。

6. 整理现场

三、思考与总结

1. 在电梯系统中，检修单元的作用是什么？

2. 电梯系统中不同位置的检修开关的优先级是怎样的？为什么？

3. 在检修状态时，电梯的上行和下行属于那种控制方式？

四、考核评价

根据表 6-29 对本任务的完成情况进行考核。

表 6-29　考核评价表

序号	评价内容	满分	评 价 标 准	评价方式	扣分	得分
1	安全意识	10	1) 不按要求穿着工作服、戴安全帽、系安全带、穿绝缘鞋，扣 5 分 2) 未在工作现场设立护栏或警示牌，扣 2 分 3) 不按安全要求规范使用工具，扣 2 分 4) 其他违反安全操作规范的行为，扣 1 分	自评		
2	组装和调试	50	1) 没有检查元器件的质量，扣 5 分 2) 没有按照要求布线，悬空拉线，一个扣 5 分 3) 错接、虚接、短路、断路，一根扣 5 分 4) 断电检测不认真，扣 5 分 5) 私自通电，扣 5 分 6) 调试结果不符合要求，一个扣 5 分	师评		
3	理论支撑	20	1) 熟知检修运行电路组装和调试的要求和步骤 2) 谨记调试的注意事项	师评		
4	职业素养	20	1) 施工过程中工具、材料摆放凌乱，扣 5 分 2) 施工结束后没有整理工作现场，扣 5 分 3) 不爱护工具、设备和仪表，扣 5 分	互评		

教师签字：　　　　　　　　　　　　　　　　最终得分：

 **任务五** **组装和调试门联锁安全电路**

一、工作准备

识读门联锁安全电路原理图，如图 6-5 所示，并完成以下任务。

— 65 —

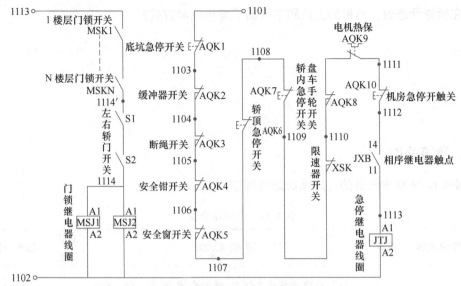

图 6-5 门联锁安全电路原理图

1）明确电路所用电气元件名称及其位置、作用，将它们填入表 6-30 中。

表 6-30 电气元件名称、位置、作用及符号

序号	名称	位置、作用	符号
1			
2			
3			
4			
5			
6			
7			

2）小组讨论检修门联锁安全电路的工作原理及作用。

3）备齐所需电气元件及工具并填写表 6-31 和表 6-32。

表 6-31 电气元件及部分电工器材明细表

代号	名称	型号	规格	数量	是否完好

表 6-32 工具及仪表

电工常用工具	
线路安装工具	
仪表	

按表 6-31 配齐所用电气元件，并进行质量检验。元器件应完好，各项技术指标符合规定要求，否则予以更换，并检查相应元件内部电路。

二、工作实施

1. 制作接线表

正确选择接线路径和线号，填入表 6-33 中，并请指导教师核对。

表 6-33 接线表

序号	线径/mm²	颜色	线号	路　径
1	0.75			
2	0.75			
3	0.75			
4	0.75			
5	0.75			
6	0.75			
7	0.75			
8	0.75			
9	0.75			
10	0.75			
11	0.75			
12	0.75			

2. 安装接线

请根据表 6-33 中的路径进行接线。接完线后，检查线路，填写表 6-34。

表 6-34 接线检查表

序号	触　点	线　号	是否对应
1	MSJ1(A1)	1113	
2	MSJ2(A1)	1113	
3	JTJ(A1)	1113	
4	MSJ1(A2)	1102	
5	MSJ2(A2)	1102	
6	JTJ(A2)	1102	

3. 断电检测

1) 检查所接电路，根据电路图从头到尾按顺序检查。

2) 用万用表初步测试电路有无短路情况。确保电路未通电的情况下把万用表打到欧姆挡，用万用表检查电路，完成表 6-35。

表 6-35　断电检测

序号	测 量 项 目	测量结果(导通/断开)	说明线路是否正常
1	MSJ1(A1) ~ MSJ2(A1)		
2	MSJ2(A1) ~ JTJ(A2)		
3	MSJ1(A2) ~ 1102		
4	MSJ2(A2) ~ 1102		
5	1101 ~ 1107		
6	1107 ~ 1108		
7	1108 ~ 1109		
8	1109 ~ 1111		
9	1111 ~ 1112		
10	1112 ~ 相序 14		
11	相序继电器 XJ12(11) ~ JTJ(A1)		
12	JTJ(A2) ~ 1102		

4. 通电检测

1) 整理实验台多余的导线和工具, 避免对电路造成影响。

2) 为保证人身安全, 在通电检测时, 一人操作, 一人监护, 认真执行安全操作规程的有关规定, 由指导教师检查并监护现场。

3) 在指导教师检查无误后, 经允许后才可以通电检测, 完成表 6-36。

表 6-36　通电检测

序号	测 量 项 目	测量结果(电压)	说明电路状态是否正常
1	MSJ1(A1) ~ MSJ1(A2)		
2	MSJ2(A1) ~ MSJ2(A2)		
3	JTJ(A1) ~ JTJ(A2)		
4	按下轿顶急停开关	现象:	
5	按下轿内急停开关	现象:	
6	按下机房急停开关	现象:	

5. 故障排除

1) 若电路有故障, 记录故障现象, 判断记录故障部位、可能的故障原因并说明排除故障方法。

2) 若电路无故障, 小组总结工作过程及学习的知识。

6. 整理现场

三、思考与总结

1. 层门门锁的结构和作用是什么?

2. 电梯系统中常用的急停开关有哪几个?

四、考核评价

根据表 6-37 对本任务的完成情况进行考核。

表 6-37 考核评价表

序号	评价内容	满分	评 价 标 准	评价方式	扣分	得分
1	安全意识	10	1) 不按要求穿着工作服、戴安全帽、系安全带、穿绝缘鞋,扣 5 分 2) 未在工作现场设立护栏或警示牌,扣 2 分 3) 不按安全要求规范使用工具,扣 2 分 4) 其他违反安全操作规范的行为,扣 1 分	自评		
2	组装和调试	50	1) 没有检查元件的质量,扣 5 分 2) 没有按照要求布线,悬空拉线,一个扣 5 分 3) 错接、虚接、短路、断路,一根扣 5 分 4) 断电检测不认真,扣 5 分 5) 私自通电,扣 5 分 6) 调试结果不符合要求,一个扣 5 分	师评		
3	理论支撑	20	1) 熟知门联锁安全电路组装和调试的要求和步骤 2) 谨记调试的注意事项	师评		
4	职业素养	20	1) 施工过程中工具、材料摆放凌乱,扣 5 分 2) 施工结束后没有整理工作现场,扣 5 分 3) 不爱护工具、设备和仪表,扣 5 分	互评		

教师签字:	最终得分:

组装和调试 PLC 强电输出电路

一、读图

识读 PLC 强电输出电路原理图，如图 6-6 所示，并完成以下任务。

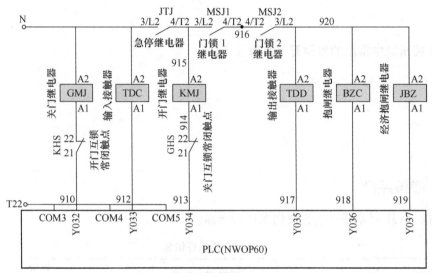

图 6-6　PLC 强电输出电路原理图

1）明确电路所用电气元件名称及作用，将它们填入表 6-38 中。

表 6-38　电气元件名称、作用及符号

序号	名称	作用	符号
1			
2			
3			
4			
5			
6			
7			

2）小组讨论 PLC 强电输出电路的工作原理及作用。

3）备齐所需电气元件及工具并填写表 6-39 和表 6-40。

— 70 —

表 6-39　电气元件及部分电工器材明细表

代号	名称	型号	规格	数量	是否完好

表 6-40　工具及仪表

电工常用工具	
线路安装工具	
仪表	

按表 6-39 配齐所用电气元件，并进行质量检验。元器件应完好，各项技术指标符合规定要求，否则予以更换，并检查相应元件内部电路。

二、工作实施

1. 准备接线工具和测量工具，有：_____。

2. 请根据原理图，正确选择接线路径和线号，填入表 6-41 中，并请指导教师核对。

表 6-41　接线表

序号	线径/mm²	颜色	线号	路　径
1	0.75			COM1 ~ COM2
2	0.75			COM2 ~ 2402
3	0.75			COM3 ~ COM4
4	0.75			COM4 ~ COM5
5	0.75			COM5 ~ T22
6	0.75			COM6 ~ COM7
7	0.75			COM7 ~ COM8
8	0.75			COM8 ~ 2401
9	0.75			COM9 ~ 2402
10	0.75			
11	0.75			
12	0.75			
13	0.75			
14	0.75			
15	0.75			
16	0.75			

序号	线径/mm²	颜色	线号	路　　径
17	0.75			
18	0.75			
19	0.75			
20	0.75			
21	0.75			
22	0.75			
23	0.75			
24	0.75			
25	0.75			
26	0.75			
27	0.75			
28	0.75			
29	0.75			
30	0.75			
31	0.75			
32	0.75			
33	0.75			
34	0.75			
35	0.75			
36	0.75			
37	0.75			
38	0.75			
39	0.75			

3. 请根据表 6-41 中的路径进行接线，接完线后，检查线路，并填写表 6-42。

表 6-42　接线检查表

序号	触　　点	线　　号	是否对应
1	GMJ(A2)	N	
2	GMJ(A1)	909	
3	KHS(22)	909	
4	KHS(21)	910	
5	TDC(A1)	912	
6	TDC(A2)	N	

序号	触　点	线　号	是否对应
7	GHS（21）	913	
8	GHS（22）	914	
9	KMJ（A1）	914	
10	KMJ（A2）	915	
11	JTJ（3/L2）	N	
12	JTJ（4/T2）	915	
13	MSJ1（3/L2）	915	
14	MSJ1（4/T2）	916	
15	MSJ2（4/T2）	916	
16	MSJ2（3/L2）	920	
17	TDD（A1）	917	
18	TDD（A2）	920	
19	BZC（A1）	918	
20	BZC（A2）	920	
21	JBZ（A1）	919	
22	JBZ（A2）	920	

4. 断电检测。

1）检查所接电路，根据电路图从头到尾按顺序检查。

2）用万用表初步测试电路有无短路情况。确保电路未通电的情况下把万用表打到欧姆挡，使用数字万用表蜂鸣挡检测电路是否正常，将检测结果填入表 6-43 中。

表 6-43　断电检测

序号	测量项目	测量结果（导通/断开）	说明线路是否正常
1	Y032~SA21		
2	KHS22~GMJ（A1）		
3	GMJ（A2）~端子排 N		
4	Y033~TDC（A1）		
5	TDC（A2）~端子排 N		
6	Y034~GHS21		
7	GHS22~KMJ（A1）		
8	KMJ（A2）~JTJ（4/T2）		
9	JTJ（4/T2）~MSJ1（3/L2）		
10	JTJ（3/L2）~端子排 N		

序号	测 量 项 目	测量结果（导通/断开）	说明线路是否正常
11	MSJ1（4/T2）~MSJ2（4/T2）		
12	Y035~TDD（A1）		
13	TDD（A2）~MSJ2（3/L2）		
14	PLC（Y036）~BZC（A1）		
15	BZC（A2）~MSJ2（3/L2）		
16	PLC（Y037）~JBZ（A1）		
17	JBZ（A2）~MSJ2（3/L2）		

5. 通电检测。

1）整理实验台多余的导线和工具，避免对电路造成影响。

2）为保证人身安全，在通电检测时，一人操作，一人监护，认真执行安全操作规程的有关规定，由指导教师检查并监护现场。

3）在指导教师检查无误后，经允许后才可以通电检测。在电路通电情况下，使用数字万用表交流电压挡检测电路是否正常，将检测结果填入表6-44中。

表6-44　通电检测

序号	测 量 点	挡 位 记 录	测 量 结 果
1	Y032~N		
2	Y033~N		
3	Y034~JTJ（4/T2）		
4	Y035~TDD（A2）		
5	Y036~MSJ2（3/L2）		
6	Y037~TDD（A2）		
7	Y034~N		
8	Y035~N		
9	Y036~N		
10	Y037~N		
11	Y035~MSJ1（4/T2）		
12	Y036~MSJ1（4/T2）		
13	JTJ（4/T2）~N		

三、思考与总结

1. 本电路使用什么类型的电压？

2. 输出接触器吸合的条件是什么？

3. 开门继电器吸合的条件是什么？

四、考核评价

根据表 6-45 对本任务的完成情况进行考核。

表 6-45　考核评价表

序号	评价内容	满分	评 价 标 准	评价方式	扣分	得分
1	安全意识	10	1) 不按要求穿着工作服、戴安全帽、系安全带、穿绝缘鞋，扣 5 分 2) 未在工作现场设立护栏或警示牌，扣 2 分 3) 不按安全要求规范使用工具，扣 2 分 4) 其他违反安全操作规范的行为，扣 1 分	自评		
2	组装和调试	50	1) 没有检查元器件的质量，扣 5 分 2) 没有按照要求布线，悬空拉线，一个扣 5 分 3) 错接、虚接、短路、断路，一根扣 5 分 4) 断电检测不认真，扣 5 分 5) 私自通电，扣 5 分 6) 调试结果不符合要求，一个扣 5 分	师评		
3	理论支撑	20	1) 熟知 PLC 强电输出电路组装和调试的要求和步骤 2. 谨记调试的注意事项	师评		
4	职业素养	20	1) 施工过程中工具、材料摆放凌乱，扣 5 分 2) 施工结束后没有整理工作现场，扣 5 分 3) 不爱护工具、设备和仪表，扣 5 分	互评		

教师签字：　　　　　　　　　　　　　　　　最终得分：

 组装和调试 PLC 显示输出电路

一、读图

识读 PLC 显示输出电路图，如图 6-7 所示，并完成以下任务。

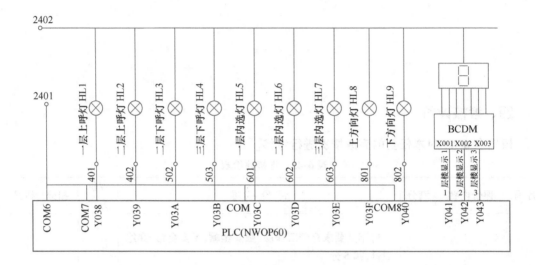

图 6-7 PLC 显示输出电路原理图

1) 明确电路所用电气元件名称及其作用，将它们填入表 6-46 中。

表 6-46 电气元件名称、作用及符号

序号	名称	作用	符号
1			
2			
3			
4			
5			
6			
7			

2) 小组讨论 PLC 显示输出电路的工作原理及作用。

3）备齐所需电气元件及工具并填写表 6-47 和表 6-48。

表 6-47　电气元件及部分电工器材明细表

代号	名称	型号	规格	数量	是否完好

表 6-48　工具及仪表

电工常用工具	
线路安装工具	
仪表	

　　按表 6-47 配齐所用电气元件，并进行质量检验。元器件应完好，各项技术指标符合规定要求，否则予以更换，并检查相应元件内部电路。

二、工作实施

1）准备接线工具和测量工具，有：_____；

2）请根据原理图，正确选择接线路径和线号，填入表 6-49 中，并请指导教师核对。

表 6-49　接线表

序号	线径/mm²	颜色	线号	路径（PLC 到端子排对应号码）
1	0.75			
2	0.75			
3	0.75			
4	0.75			
5	0.75			
6	0.75			
7	0.75			
8	0.75			
9	0.75			
10	0.75			
11	0.75			
12	0.75			
13	0.75			
14	0.75			
15	0.75			

序号	线径/mm²	颜色	线号	路径（PLC 到端子排对应号码）
16	0.75			
17	0.75			
18	0.75			
19	0.75			

3）请根据表 6-49 中的路径进行接线。接完线后，检查线路，填写表 6-50。

表 6-50　接线检查表

序号	触　　点	线　　号	是否对应
1	Y038	401	
2	Y039	402	
3	Y03A	502	
4	Y03B	503	
5	Y03C	601	
6	Y03D	602	
7	Y03E	603	
8	Y03F	801	
9	Y040	802	
10	Y041	BCDM（1）	
11	Y042	BCDM（2）	
12	Y043	BCDM（3）	
13	BCDM（A）	端子排（A）	
14	BCDM（B）	端子排（B）	
15	BCDM（C）	端子排（C）	
16	BCDM（D）	端子排（D）	
17	BCDM（E）	端子排（E）	
18	BCDM（F）	端子排（F）	
19	BCDM（G）	端子排（G）	

4）选择万用表的正确挡位，对电路进行测量。并把数据记入表 6-51 中。

表 6-51　测量电路

序号	测　量　点	挡位记录	测量结果
1	Y038～端子排 401		
2	Y039～端子排 402		
3	Y03A～端子排 502		
4	Y03B～端子排 503		

序号	测　量　点	挡 位 记 录	测量结果
5	Y03C～端子排 601		
6	Y03D～端子排 602		
7	Y03E～端子排 603		
8	Y03F～端子排 801		
9	Y040～端子排 802		
10	Y041～BCDM（1）		
11	Y042～BCDM（2）		
12	Y043～BCDM（3）		

三、思考与总结

1. 电路中的显示灯的电压是什么等级的？

2. 七段显示数码管如果是共阳极的，是高电位亮还是低电位亮？

3. 如果要显示数字"3"，应是哪几段数码管点亮？

4. BCD 码的含义是什么？

四、考核评价

根据表 6-52 对本任务的完成情况进行考核。

表 6-52　考核评价表

序号	评价内容	满分	评价标准	评价方式	扣分	得分
1	安全意识	10	1) 不按要求穿着工作服、戴安全帽、系安全带、穿绝缘鞋，扣 5 分 2) 未在工作现场设立护栏或警示牌，扣 2 分 3) 不按安全要求规范使用工具，扣 2 分 4) 其他违反安全操作规范的行为，扣 1 分	自评		
2	组装和调试	50	1) 没有检查元器件的质量，扣 5 分 2) 没有按照要求布线，悬空拉线，一个扣 5 分 3) 错接、虚接、短路、断路，一根扣 5 分 4) 断电检测不认真，扣 5 分 5) 私自通电，扣 5 分 6) 调试结果不符合要求，一个扣 5 分	师评		
3	理论支撑	20	1) 熟知 PLC 显示输出电路组装和调试的要求和步骤 2) 谨记调试的注意事项	师评		
4	职业素养	20	1) 施工过程中工具、材料摆放凌乱，扣 5 分 2) 施工结束后没有整理工作现场，扣 5 分 3) 不爱护工具、设备和仪表，扣 5 分	互评		
教师签字：			最终得分：			

组装和调试门机电路和制动器电路

一、工作准备

识读门机电路和制动器电路原理图，如图 6-8 和图 6-9 所示，并完成以下任务。

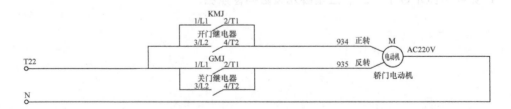

图 6-8　门机电路原理图

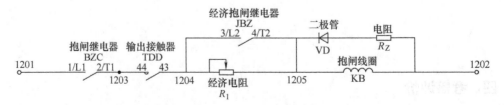

图 6-9　制动器电路原理图

— 80 —

1) 明确电路所用电气元件名称及其作用，将它们填入表 6-53 中。

表 6-53　电气元件名称、作用及符号

序号	名称	作　　用	符号
1			
2			
3			
4			
5			
6			
7			

2) 小组讨论门机电路和制动器电路的工作原理及作用。

3) 备齐所需电气元件及工具并填写表 6-54 和表 6-55。

表 6-54　电气元件及部分电工器材明细表

代号	名称	型号	规格	数量	是否完好

表 6-55　工具及仪表

电工常用工具	
线路安装工具	
仪表	

按表 6-54 配齐所用电气元件，并进行质量检验。元器件应完好，各项技术指标符合规定要求，否则予以更换，并检查相应元件内部电路。

二、工作实施

1) 准备接线工具和测量工具，有：_____。

2) 请根据原理图，正确选择接线路径和线号，填入表 6-56 中，并请指导教师核对。

表 6-56 接线路径及线号

序号	线径/mm²	颜色	线号	路　　径
1	0.75			
2	0.75			
3	0.75			
4	0.75			
5	0.75			
6	0.75			
7	0.75			
8	0.75			
9	0.75			
10	0.75			
11	0.75			
12	0.75			
13	0.75			
14	0.75			
15	0.75			
16	0.75			
17	0.75			
18	0.75			

3）请根据表 6-56 中的路径进行接线，然后检查线路，填写表 6-57。

表 6-57 接线检查表

序号	触　　点	线　　号	是否对应
1	KMJ(1/L1)	T22	
2	KMJ(3/L2)	T22	
3	GMJ(1/L1)	T22	
4	GMJ(3/L2)	T22	
5	KMJ(2/T1)	T22	
6	KMJ(4/T2)	T22	
7	GMJ(2/T1)	T22	
8	GMJ(4/T2)	T22	
9	BZC(1/L1)	1201	
10	BZC(2/T1)	1203	

序号	触　　点	线　　号	是否对应
11	TDD(44)	1203	
12	TDD(43)	1204	
13	JBZ(3/L5)	1204	
14	JBZ(4/T2)	1205	

4）经过指导教师允许后，方可通电调试。

5）调试过程中出现紧急情况，应及时切断电源，并报告指导教师处理。

6）选择万用表的正确挡位，对线路进行测量。并把数据记入表 6-58 中。

表 6-58　测量电路

序号	测　量　点	挡　位　记　录	测　量　结　果
1	KMJ(1/L1) ~ KMJ(3/L2)		
2	KMJ(3/L2) ~ GMJ(1/L1)		
3	GMJ(3/L2) ~ GMJ(1/L1)		
4	KMJ(3/L2) ~ T22		
5	KMJ(2/T1) ~ KMJ(4/T2)		
6	KMJ(4/T2) ~ 934		
7	GMJ(2/T1) ~ GMJ(4/T2)		
8	GMJ(4/T2) ~ 935		
9	BZC(1/L1) ~ 1201		
10	BZC(2/T1) ~ TDD(44)		
11	TDD(43) ~ JBZ(3/L2)		
12	JBZ(4/T2) ~ 1205		

三、思考与总结

1. 此轿门电动机是单相的还是三相的？

2. 轿门电动机有几根引出线？每根线的线号是什么？

3. 关门继电器和开门继电器各有几对常开触点？几对常闭触点？

4. 制动器电路使用什么类型的电压？为什么？

四、考核评价

根据表 6-59 对本任务的完成情况进行考核。

表 6-59 考核评价表

序号	评价内容	满分	评 价 标 准	评价方式	扣分	得分
1	安全意识	10	1) 不按要求穿着工作服、戴安全帽、系安全带、穿绝缘鞋,扣5分 2) 未在工作现场设立护栏或警示牌,扣2分 3) 不按安全要求规范使用工具,扣2分 4) 其他违反安全操作规范的行为,扣1分	自评		
2	组装和调试	50	1) 没有检查元器件的质量,扣5分 2) 没有按照要求布线,悬空拉线,一个扣5分 3) 错接、虚接、短路、断路,一根扣5分 4) 断电检测不认真,扣5分 5) 私自通电,扣5分 6) 调试结果不符合要求,一个扣5分	师评		
3	理论支撑	20	1) 熟知门机电路和制动器电路组装和调试的要求和步骤 2) 谨记调试的注意事项	师评		
4	职业素养	20	1) 施工过程中工具、材料摆放凌乱,扣5分 2) 施工结束后没有整理工作现场,扣5分 3) 不爱护工具、设备和仪表,扣5分	互评		

教师签字：   最终得分：

组装和调试变频器电路

一、工作准备

识读变频器主电路和控制电路原理图，如图 6-10 和图 6-11 所示，并完成以下任务。

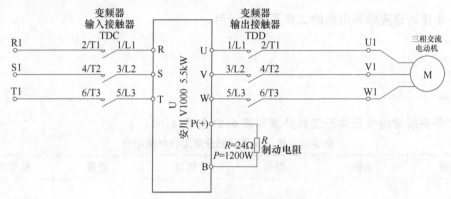

图 6-10   变频器主电路原理图

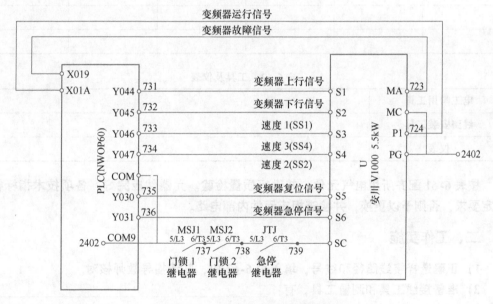

图 6-11   变频器控制电路原理图

1) 明确电路所用电气元件名称及作用，将它们填入表 6-60 中。

表 6-60   电气元件名称、作用及符号

序号	名称	作 用	符号
1			
2			
3			

序号	名称	作　用	符号
4			
5			
6			
7			

2) 小组讨论变频器电路的工作原理及作用。

3) 备齐所需电气元件及工具并填写表 6-61 和表 6-62。

表 6-61　电气元件及部分电工器材明细表

代号	名称	型号	规格	数量	是否完好

表 6-62　工具及仪表

电工常用工具	
线路安装工具	
仪表	

按表 6-61 配齐所用电气元件，并进行质量检验。元器件应完好，各项技术指标符合规定要求，否则予以更换，并检查相应元件内部电路。

二、工作实施

1) 正确选择接线路径和线号，填入表 6-63 中，并请指导教师核对。
2) 准备接线工具和测量工具，有：＿＿＿＿＿＿＿＿＿＿＿＿＿＿＿＿＿＿＿＿＿＿；

表 6-63　接线表

序号	线径/mm²	颜色	线号	路　径
1	4	黄		大端子排(R1)~TDC(2/T1)
2	4	绿		大端子排(S1)~TDC(4/T2)
3	4	红		大端子排(T1)~TDC(6/T3)
4	4	黄		变频器 u(U)~TDD(1/L1)

序号	线径/mm²	颜色	线号	路　　径
5	4	绿		变频器 u(V)~TDD(3/L2)
6	4	红		变频器 u(W)~TDD(5/L3)
7	4	黄		TDD(2/T1)~大端子排(U1)
8	4	绿		TDD(4/T2)~大端子排(V1)
9	4	红		TDD(6/T3)~大端子排(W1)
10	4	黄		TDC(1/L1)~变频器 u(R)
11	4	绿		TDC(3/L2)~变频器 u(S)
12	4	红		TDC(5/L3)~变频器 u(T)
13	0.75			制动电阻一端~变频器(B)
14	0.75			制动电阻另一端~变频器 P(+)
15	0.75			
16	0.75			
17	0.75			
18	0.75			
19	0.75			
20	0.75			
21	0.75			
22	0.75			
23	0.75			
24	0.75			
25	0.75			
26	0.75			
27	0.75			
28	0.75			

3）请根据表 6-63 中的路径进行接线，接线时请测量所需导线的长度。

特殊注意事项：硬线出了端子 1.5cm 后，即可成直角弯向控制柜后墙，贴后墙走线。

在电路断电情况下，使用数字万用表蜂鸣挡检测电路是否正常，将检测结果填入表 6-64 中。

表 6-64　测量电路

序号	测量项目	测量结果(导通/断开)	说明线路是否正常
1	JXC(1/L1)~TDC(2/T1)		
2	JXC(3/L2)~TDC(4/T2)		
3	JXC(5/L3)~TDC(6/T3)		

序号	测量项目	测量结果（导通/断开）	说明线路是否正常
4	TDC(1/L1)~变频器 U(R)		
5	TDC(3/L2)~变频器 U(S)		
6	TDC(5/L3)~变频器 U(T)		
7	变频器 U(U)~TDD(1/L1)		
8	变频器 U(V)~TDD(1/L1)		
9	变频器 U(W)~TDD(1/L1)		
10	TDD(2/T1)~端子排(U)		
11	TDD(4/T2)~端子排(V)		
12	TDD(6/T3)~端子排(W)		
13	PLC(Y044)~变频器 U(S1)		
14	PLC(Y045)~变频器 U(S2)		
15	PLC(Y046)~变频器 U(S3)		
16	PLC(Y047)~变频器 U(S4)		
17	PLC(Y030)~变频器 U(S5)		
18	PLC(Y031)~变频器 U(S6)		
19	PLC(X019)~变频器 U(MA)		
20	PLC(X01A)~变频器 U(P1)		
21	变频器 U(MC)~端子排 2402		
22	变频器 U(PG)~端子排 2402		
23	变频器 U(SC)~JTJ(6/T3)		
24	JTJ(5/L3)~MSJ2(6/T3)		
25	MSJ2(5/L3)~MSJ1(6/T3)		
26	MSJ1(5/L3)~端子排 2402		
27	PLC X019~变频器 U(MA)		
28	PLC X01A~变频器 U(P1)		
29	PLC Y044~变频器 U(S1)		
30	PLC Y045~变频器 U(S2)		
31	PLC Y046~变频器 U(S3)		
32	PLC Y047~变频器 U(S4)		
33	PLC Y030~变频器 U(S5)		
34	PLC Y031~变频器 U(S6)		
35	MSJ1(5/L3)~2402		
36	MSJ1(6/T3)~MSJ2(5/L3)		
37	MSJ2(6/T3)~JTJ(5/L3)		
38	KP(6/T3)~变频器 U(SC)		

4）检查所接电路，填写表6-65。

表6-65　接线检查表

序号	触点	线号	是否对应	序号	触点	线号	是否对应
1	Y044	731		1	S1	731	
2	Y045	732		2	S2	732	
3	Y046	733		3	S3	733	
4	Y047	734		4	S4	734	
5	Y030	735		5	S5	735	
6	Y031	736		6	S6	736	
7	MSJ1(5/L3)	2402		7	SC	739	
8	MSJ1(6/T3)	737		8	MA	723	
9	MSJ2(5/L3)	737		9	MC	2402	
10	MSJ2(6/T3)	738		10	P1	724	
11	JTJ(5/L3)	738		11	PG	2402	
12	JTJ(6/T3)	739		12	SC	739	
13	X019	723		13	MA	723	
14	X01A	724		14	P1	724	

5）经过老师允许后，可以通电调试。

6）调试过程中，出现紧急情况，及时切断电源，并报告老师处理。

7）选择万用表的正确挡位，对电路进行测量。

① 如果Y044元件处于ON状态，此时，S1至2401的电压为_____ V；如果Y044元件处于OFF状态，此时测得Y044至2401的电压为_____ V。

② 如果Y045元件处于ON状态，此时，S2至2401的电压为_____ V；如果Y045元件处于OFF状态，此时测得S2至2401的电压为_____ V。

③ 如果Y046元件处于ON状态，此时，S3至2401的电压为_____ V；若此时Y046元件为ON状态，那么按"RST"键，强制Y046元件处于OFF状态，此时测得S3至2401的电压为_____ V。

④ 如果Y047元件处于ON状态，此时，S4至2401的电压为_____ V；如果Y047元件处于OFF状态，此时测得S4至2401的电压为_____ V。

⑤ 如果Y030元件处于ON状态，此时，S5至2401的电压为_____ V；如果Y030元件处于OFF状态，此时测得S5至2401的电压为_____ V。

⑥ 如果Y031元件处于ON状态，此时，S6至2401的电压为_____ V；如果Y031元件处于OFF状态，此时测得S6至2401的电压为_____ V。

三、思考与总结

1. 变频器的输出电压是交流的还是直流的？是固定值还是变化值？

2. 变频器的输入端子接的是什么类型的电压？

3. 如果变频器的输入与输出线端子接反了会有什么后果？

4. 变频器制动电阻的作用是什么？

5. 变频器的控制电路使用什么类型的电压？

6. 变频器的控制电路有哪几条？各起什么作用？

四、考核评价

根据表 6-66 对本任务的完成情况进行考核。

表 6-66 考核评价表

序号	评价内容	满分	评 价 标 准	评价方式	扣分	得分
1	安全意识	10	1) 不按要求穿着工作服、戴安全帽、系安全带、穿绝缘鞋,扣 5 分 2) 未在工作现场设立护栏或警示牌,扣 2 分 3) 不按安全要求规范使用工具,扣 2 分 4) 其他违反安全操作规范的行为,扣 1 分	自评		
2	组装和调试	50	1) 没有检查元器件的质量,扣 5 分 2) 没有按照要求布线,悬空拉线,一个扣 5 分 3) 错接、虚接、短路、断路,一根扣 5 分 4) 断电检测不认真,扣 5 分 5) 私自通电,扣 5 分 6) 调试结果不符合要求,一个扣 5 分	师评		
3	理论支撑	20	1) 熟知变频器电路组装和调试的要求和步骤 2) 谨记调试的注意事项	师评		
4	职业素养	20	1) 施工过程中工具、材料摆放凌乱,扣 5 分 2) 施工结束后没有整理工作现场,扣 5 分 3) 不爱护工具、设备和仪表,扣 5 分	互评		
教师签字:			最终得分:			